智能系统与技术丛书

U0038853

大模型项目实战

多领域智能应用开发

高强文◎著

LLM PROJECTS PRACTICE

AI Application Development in Multi-Field

机械工业出版社
CHINA MACHINE PRESS

图书在版编目（CIP）数据

大模型项目实战：多领域智能应用开发 / 高强文著 . 北京：机械工业出版社，2024. 9. --（智能系统与技术丛书）. --ISBN 978-7-111-76234-8

Ⅰ. TN929.53

中国国家版本馆 CIP 数据核字第 2024SZ6316 号

机械工业出版社（北京市百万庄大街 22 号　邮政编码 100037）

策划编辑：孙海亮　　　　责任编辑：孙海亮

责任校对：张慧敏　马荣华　景　飞　　责任印制：单爱军

保定市中画美凯印刷有限公司印刷

2024 年 9 月第 1 版第 1 次印刷

186mm × 240mm · 14.5 印张 · 311 千字

标准书号：ISBN 978-7-111-76234-8

定价：89.00 元

电话服务　　　　网络服务

客服电话：010-88361066　　机　工　官　网：www.cmpbook.com

010-88379833　　机　工　官　博：weibo.com/cmp1952

010-68326294　　金　书　网：www.golden-book.com

机工教育服务网：www.cmpedu.com

Preface 前　言

大语言模型（Large Language Model，LLM）是自然语言处理（Natural Language Processing，NLP）中的一个重要分支，它基于深度学习，采用海量文本数据和大量算力进行训练。训练后的模型能够理解和生成人类语言文本，执行与语言文本相关的任务，包括文本生成、代码补全、文章总结、翻译和情感分析等。

经过多年的发展，NLP 技术在与人类语言相关的领域有着较为广泛的应用，如自动翻译、智能语音客服、文稿校对、语音助手等。这些应用场景通常涉及相对专业的需求。然而，随着 ChatGPT 的流行，大语言模型开始从专业领域走进大众的生活。以聊天（Chat）方式回答人们提出的问题，这种交互方式在日常生活中司空见惯，但出现在人工智能领域却非常新颖。这种趋势促使 ChatGPT 及类似产品迅速得到普及和应用，其背后的原理、训练过程等也逐步引起人们的关注。

大语言模型的应用非常广泛。例如，在辅助编程中，大语言模型能够根据上下文提示补全代码或编写整个函数；在智能语音客服中，大语言模型可以基于自然语言对用户提出的问题进行理解，并给出相应的答案；在教育领域，大语言模型可以帮助学生更好地理解和掌握知识，提高学习效率；在翻译领域，大语言模型能够准确地理解语言的语境、含义和结构，使翻译更加准确；大语言模型可以与语音、图像、视频等融合，形成多模态应用，如智能语音机器人、数字人等；大语言模型还可以与开发活动进行整合，产生如人工智能代理（AI Agent）等创新应用。

本书特点

这是一本介绍大语言模型基础知识、操作方法和应用开发的书。本书内容来源丰富且可靠，我在写作过程中抱持谨慎态度，确保读者能从中获得准确的信息。具体而言，本书的材料来源主要包括以下几个方面。

- 培训课件：在过去两年中，我作为讲师，面向教师、学生以及软件企业举办了多场大语言模型培训，深入了解了用户的实际需求。
- 社交媒体互动：我将自己在知乎等平台上发布的文章进行了整理和细化，这些文章曾引起读者的广泛关注。
- 实践案例：在本书撰写过程中，我开发了一系列示例程序，并对实际操作步骤进行了验证和测试。
- 开源项目：我将自己在 GitHub 平台上发布的开源应用进行了必要的调整和改进，以适应书中的说明和示例。
- 官方资源：我整合了来自各个大语言模型官网的资料，确保提供权威和最新的信息。

读者对象

本书涉及的模型丰富、操作步骤详细、源代码完整，便于大模型应用的使用者和开发者阅读及实践。

- 对于使用者来说，本书能满足其在部署、微调方面的需求。
- 对于开发者来说，9 个不同领域的开发案例能满足其学习、实践的需求。

如何阅读本书

本书面向大语言模型应用的使用者和开发者，从大语言模型的基础知识开始，逐步深入，详细介绍了常见的操作方法和各类型应用的开发过程。

全书共 18 章，分为三篇。

- 基础篇（第 1 ～ 3 章），讲解大语言模型的基础知识、应用架构、应用工作模式。
- 操作篇（第 4 ～ 8 章），讲解大模型的实操环节，包括应用环境的搭建，多种大模型的安装、微调与量化等，囊括了大模型的常用操作。
- 开发篇（第 9 ～ 18 章），详细讲述大语言模型在 9 个领域的应用开发过程，包括 Chat、编程、RAG、翻译、AI Agent、语音、数字人、提示词生成、AI 小镇等，涵盖应用的开发目标、原理及开发过程，中间还穿插讲解了 VS Code 插件的开发，丰富了应用的运行场景。具体来说，本篇中每章都阐述了示例的设计目标，详细介绍了应用的运行原理，给出了源代码、运行方法、运行结果，内容完整，各章自成体系，章与章之间无严格的阅读顺序。

勘误和支持

虽然我在写作时已经尽力谨慎，但本书中仍可能出现一些错误或者不准确的地方，恳请读者指正。若读者发现有错漏之处或者提出宝贵意见，请通过邮箱 little51@126.com 联系我。

本书的所有源代码和简要操作步骤，都在 https://github.com/little51/llm-dev 上开源，读者可自行查阅。

实践要求及说明

在本书的所有示例中，涉及 GPU 的项目均可在 16GB 内存的推理卡或显卡上实现。虽然有一部分示例只需要 8GB 或 6GB 内存即可实现，但为了完整实践所有示例，还是建议采用 16GB 或 16GB 以上内存的推理卡或显卡，以及与之配套的服务器或高性能的个人计算机（PC）。

以下是关于代码的注意事项。

①由于排版中对每行代码长度的限制，Python 程序中一些长行用反斜杠“\”强制换行，这也是符合 Python 语法规范的。

②在操作系统命令行下执行命令时，Linux 支持对较长的命令采用反斜杠“\”进行换行，命令执行结果不会发生变化。在 Windows 系统中此方法不适用。如果遇到使用“\”且换行的命令要在 Windows 上执行，则需要将“\”去掉且不能换行。

例如，以下命令在 Linux 系统中运行正常。

```
pip install -r requirements.txt -i \
https://pypi.mirrors.ustc.edu.cn/simple
```

而如果要在 Windows 系统上运行，则需要把行尾的“\”删去，并且不换行，保持命令为一行。

```
pip install -r requirements.txt -i https://pypi.mirrors.ustc.edu.cn/simple
```

③本书中描述的在操作系统命令行环境下执行的命令，如果以“#”开头则为注释，无须执行。

④本书的大部分内容在 Linux 和 Windows 上均可实践，对于只能在 Windows 或只能在 Linux 下操作及运行的内容，书中会进行特别强调。

⑤得益于 Python 语言的精练以及 Transformers、PyTorch 等库的封装，本书的示例代码大多在 100 行以内。如未特殊说明，则书中列出的是完整源代码。

⑥为了统一和规范书中的 IP 地址使用格式，以减少歧义，本书采用以下约定：如果是本机地址，则使用 127.0.0.1 表示；如果涉及运行大语言模型的服务器，则使用主机名“ server-llm-dev”指代。这个主机名具体是指定专用服务器还是本机，则通过配置 DNS 解析来确定：在 Windows 系统中，修改 C:\Windows\System32\drivers\etc\HOSTS 文件；在 Linux 系统中，修改 /etc/hosts 文件。

致谢

2022 年年底，我开始进行大语言模型应用相关的研发工作，涉及各种大模型的部署、微调和应用开发。在实践中，我将一些操作步骤和心得体会分享到知乎等社交媒体，与网友进行了很多良好的互动。随着大语言模型的普及，各行业对这一领域的关注度在不断上升，我也有机会承担一些与大语言模型相关的培训和讲座工作。在制作课件的过程中，为了方便学员实践，我梳理了大语言模型的相关知识，尽量详细地描述实践过程，这中间积累了本书的一些原始素材。2024 年年初，经过积累与筹备，我开始正式撰写这本关于大语言模型操作与应用开发的图书。经过近三个月的程序调试和文本写作，本书终于成型。

首先，感谢我所在公司的集团领导梁明道先生。他对软件技术的发展具有远见卓识，特别是对开源社区和人工智能领域具有独到见解。三年前，他就安排采购了一批高性能推理卡，这些设备支撑了我的研发工作和本书涉及的代码调试的基础算力。

感谢我的同事董炜。他事无巨细地组织了历次培训工作，使我能够集中精力备课和授课，同时能够持续跟进大语言模型的最新发展。这些培训经验为本书提供了重要的写作素材。

感谢我的同事杨乐。他对大语言模型充满热情。他看到本书的初稿时，帮助我联系了出版社。没有他的鼓励和协调，本书可能不会这么顺利问世。

感谢我的妻子刘莉博士。在本书写作的过程中，她提出了许多宝贵的建议，比如如何行文能让读者更易于阅读和理解。

最后，感谢我的儿子高唯之小朋友。他在 Python 课程方面取得了很好的成绩，正在学习人工智能编程，他在编程方面的热情激励着我持续写作。

Contents 目　　录

前　言

基础篇

第1章　大语言模型的基础知识 3

1.1　大语言模型概述 4

1.1.1　基本情况 4

1.1.2　发展历史 4

1.1.3　发展现状 6

1.1.4　发展趋势 7

1.2　基本原理 7

1.2.1　Transformer 架构 8

1.2.2　编码器与解码器 8

1.2.3　自注意力机制 9

1.3　应用开发技术 11

1.3.1　Python 11

1.3.2　React.js 11

1.4　训练方法 12

1.4.1　FFT 12

1.4.2　RLHF 13

1.4.3　P-Tuning 13

1.4.4　LoRA 13

1.5　常见现象 13

1.5.1　幻觉 14

1.5.2　灾难性遗忘 14

1.5.3　涌现 14

1.5.4　价值对齐 15

第2章　大语言模型应用架构 16

2.1　整体架构 16

2.2　基础设施 17

2.2.1　硬件部分 17

2.2.2　操作系统 18

2.3　基础软件 18

2.3.1　CUDA 18

2.3.2　PyTorch 18

2.3.3　Anaconda 19

2.3.4　Nginx 19

2.4　应用软件 20

2.4.1　大语言模型文件 20

2.4.2　Transformers 库 20

2.4.3　服务程序 20

2.4.4　API 21

2.4.5　客户端程序 21

第3章　大语言模型应用的工作模式 …… 22
3.1　硬件部署 …… 22
3.2　应用软件部署 …… 23
3.3　运行模式 …… 24
3.3.1　模型 API 服务的工作模式 …… 24
3.3.2　模型 API 服务的运行过程 …… 25
3.3.3　前后端交互方法 …… 26
3.3.4　前端实现 …… 27

操作篇

第4章　应用环境搭建 …… 31
4.1　基础设施 …… 31
4.1.1　服务器要求 …… 31
4.1.2　操作系统准备 …… 31
4.1.3　推理卡安装 …… 32
4.2　基础软件安装 …… 32
4.2.1　Linux …… 32
4.2.2　Windows …… 40
4.3　其他软件安装 …… 41
4.3.1　Nginx …… 41
4.3.2　Git …… 42
第5章　大语言模型安装 …… 43
5.1　ChatGLM 安装 …… 43
5.1.1　ChatGLM3 模型介绍 …… 43
5.1.2　ChatGLM3-6B 安装 …… 44
5.1.3　编程验证 …… 45
5.2　Qwen-VL 安装 …… 47
5.2.1　Qwen 模型介绍 …… 47
5.2.2　Qwen-VL-Chat-Int4 安装 …… 47
5.2.3　编程验证 …… 49
5.3　LLaMA2 安装 …… 50
5.3.1　LLaMA2 模型介绍 …… 50
5.3.2　Llama-2-7b-chat 安装 …… 51
5.3.3　运行验证 …… 51
5.4　Gemma 安装 …… 54
5.4.1　Gemma 模型介绍 …… 54
5.4.2　Gemma-2B 安装 …… 55
5.4.3　编程验证 …… 55
5.5　Whisper 安装 …… 57
5.5.1　Whisper-large-v3 介绍 …… 57
5.5.2　Whisper-large-v3 安装 …… 57
5.5.3　编程验证 …… 58
第6章　大语言模型微调 …… 60
6.1　ChatGLM 微调 …… 60
6.1.1　微调方法介绍 …… 61
6.1.2　微调环境准备 …… 61
6.1.3　语料准备 …… 62
6.1.4　模型下载 …… 65
6.1.5　微调过程 …… 65
6.1.6　微调模型测试 …… 67
6.2　LLaMA2 微调 …… 68
6.2.1　微调方法介绍 …… 68
6.2.2　微调环境准备 …… 69
6.2.3　语料准备 …… 70
6.2.4　模型下载 …… 71
6.2.5　微调过程 …… 71
6.2.6　PEFT 微调模型测试 …… 73
6.2.7　模型合并 …… 74
6.2.8　合并后模型测试 …… 74

6.3 Gemma 微调 …… 74
6.3.1 微调方法介绍 …… 74
6.3.2 微调环境准备 …… 75
6.3.3 模型下载 …… 75
6.3.4 微调程序开发 …… 75
6.3.5 语料文件下载 …… 77
6.3.6 微调与测试过程 …… 78

第7章 大语言模型量化 …… 79
7.1 量化介绍 …… 79
7.2 llama.cpp 量化过程 …… 80
7.2.1 llama.cpp 编译 …… 80
7.2.2 模型 GGUF 格式转换 …… 81
7.2.3 模型下载 …… 81
7.2.4 量化过程 …… 81
7.2.5 量化模型测试 …… 82
7.2.6 Web 方式运行 …… 82
7.3 gemma.cpp 量化过程 …… 83
7.3.1 gemma.cpp 源码下载 …… 83
7.3.2 gemma.cpp 编译 …… 83
7.3.3 量化模型下载 …… 84
7.3.4 推理 …… 84

第8章 多模态模型应用 …… 86
8.1 Stable Diffusion 介绍 …… 86
8.2 Stable Diffusion 部署 …… 87
8.2.1 代码获取 …… 87
8.2.2 Python 虚拟环境准备 …… 87
8.2.3 依赖库安装 …… 87
8.2.4 模型下载 …… 88
8.2.5 服务运行 …… 88
8.3 Stable Diffusion 应用 …… 88
8.3.1 文生图应用 …… 89
8.3.2 图生图应用 …… 90

开发篇

第9章 Chat应用 …… 94
9.1 目标 …… 94
9.2 原理 …… 94
9.2.1 功能概要 …… 94
9.2.2 系统架构 …… 95
9.2.3 运行原理 …… 96
9.3 开发过程 …… 96
9.3.1 Node.js 安装 …… 96
9.3.2 chat-app 新建 …… 96
9.3.3 源代码 …… 97
9.3.4 测试 …… 98
9.3.5 应用发布 …… 99

第10章 辅助编程应用 …… 102
10.1 目标 …… 103
10.2 原理 …… 103
10.2.1 功能概要 …… 103
10.2.2 系统架构 …… 103
10.2.3 运行原理 …… 104
10.3 开发过程 …… 104
10.3.1 开发环境准备 …… 104
10.3.2 测试模型准备 …… 105
10.3.3 API 服务实现 …… 106
10.3.4 测试 …… 110

第11章　VS Code插件 ······ 112

11.1　目标 ······ 112

11.2　原理 ······ 112

11.2.1　功能概要 ······ 112

11.2.2　系统架构 ······ 113

11.2.3　运行原理 ······ 114

11.3　开发过程 ······ 114

11.3.1　环境准备与项目创建 ······ 115

11.3.2　插件开发 ······ 115

11.3.3　插件发布 ······ 118

第12章　检索增强生成应用 ······ 121

12.1　目标 ······ 121

12.2　原理 ······ 122

12.2.1　功能概要 ······ 122

12.2.2　系统架构 ······ 123

12.2.3　运行原理 ······ 124

12.3　开发过程 ······ 125

12.3.1　大语言模型安装 ······ 125

12.3.2　依赖库安装 ······ 125

12.3.3　向量化模型下载 ······ 126

12.3.4　源代码 ······ 126

12.3.5　测试 ······ 128

第13章　PDF翻译应用 ······ 130

13.1　目标 ······ 130

13.2　原理 ······ 130

13.2.1　功能概要 ······ 130

13.2.2　系统架构 ······ 131

13.2.3　运行原理 ······ 131

13.3　开发过程 ······ 135

13.3.1　大语言模型安装 ······ 135

13.3.2　依赖环境安装 ······ 135

13.3.3　下载英译中模型 ······ 135

13.3.4　源代码 ······ 136

13.3.5　测试 ······ 138

第14章　智能代理应用 ······ 140

14.1　目标 ······ 140

14.2　原理 ······ 141

14.2.1　AI Agent ······ 141

14.2.2　AutoGen ······ 141

14.3　开发过程 ······ 143

14.3.1　大语言模型安装 ······ 143

14.3.2　Docker 安装 ······ 144

14.3.3　虚拟环境准备 ······ 145

14.3.4　运行环境验证 ······ 145

14.3.5　多代理会话应用开发 ······ 146

第15章　语音模型应用 ······ 149

15.1　目标 ······ 149

15.2　原理 ······ 149

15.2.1　功能概要 ······ 149

15.2.2　系统架构 ······ 150

15.2.3　运行原理 ······ 151

15.3　开发过程 ······ 152

15.3.1　运行环境安装 ······ 152

15.3.2　模型下载 ······ 153

15.3.3　Demo 运行 ······ 153

15.3.4　服务端开发 ······ 154

15.3.5　客户端开发 ······ 160

15.3.6　测试 ······ 163

第16章 数字人应用 ······ 166

16.1 目标 ······ 166

16.2 原理 ······ 167

16.2.1 功能概要 ······ 167

16.2.2 系统架构 ······ 167

16.2.3 运行原理 ······ 168

16.3 开发过程 ······ 169

16.3.1 环境准备 ······ 169

16.3.2 源代码 ······ 173

16.3.3 测试 ······ 177

第17章 提示词生成应用：从零训练模型 ······ 179

17.1 目标 ······ 179

17.2 原理 ······ 180

17.2.1 GPT-2 ······ 180

17.2.2 训练流程与应用架构 ······ 181

17.2.3 训练方法与运行原理 ······ 182

17.3 开发与训练过程 ······ 185

17.3.1 语料整理 ······ 186

17.3.2 训练 ······ 188

17.3.3 推理与服务 ······ 196

17.3.4 测试 ······ 202

第18章 AI小镇应用 ······ 204

18.1 目标 ······ 204

18.2 原理 ······ 205

18.2.1 功能概要 ······ 205

18.2.2 系统架构 ······ 206

18.2.3 运行原理 ······ 207

18.3 开发过程 ······ 209

18.3.1 大语言模型安装 ······ 210

18.3.2 开发环境搭建 ······ 210

18.3.3 地图制作 ······ 210

18.3.4 app.js ······ 211

18.3.5 BootScene.js ······ 213

18.3.6 GameScene.js ······ 213

18.3.7 ChatUtils.js ······ 218

18.3.8 测试 ······ 219

基础篇

大语言模型是自然语言处理的一个重要分支。近几年来，随着 Transformer 架构和自注意力机制的引入，大语言模型得到了广泛应用，尤其在生成式人工智能领域取得了长足的发展。直接学习如何操作大语言模型虽然可以让读者掌握一些技能，但读者常常知其然而不知其所以然，一旦应用场景稍有变化，就会产生困惑。而掌握一定的大语言模型基础知识，可以为操作和应用开发进行重要的铺垫，帮助读者在操作大模型和开发应用时，更深入地理解执行步骤或源代码的原理。

本篇分为 3 章，讲解大语言模型的基础知识、应用架构、应用工作模式。

- 第 1 章介绍大语言模型的发展历程、基本原理、应用开发技术和常用训练方法，重点讲解了 Transformer 架构和自注意力机制。
- 第 2 章介绍大语言模型应用涉及的软硬件在整体架构中的作用，为后续部署和开发奠定基础。
- 第 3 章介绍应用开发中服务端的工作模式和流程，前端与后端的交互方法，以及客户端开发常用的技术。

第1章 Chapter 1

大语言模型的基础知识

随着 ChatGPT 在全球范围内的普及，生成式人工智能已经成为人们日常生活中不可或缺的一部分。AIGC（Artificial Intelligence Generated Content，人工智能生成内容）因其独特的创造力而备受瞩目，用户只需提供提示词，背后的人工智能服务便能够生成符合用户需求的文本、图像、音频和视频等多样化内容。这种技术正在以前所未有的方式改变着我们的生产和生活。

大语言模型（或称“大模型”）是指能够处理和生成自然语言文本的、参数规模很大的人工智能模型。这种模型基于深度学习技术并经过海量语料训练，利用大量的计算资源来学习大规模文本数据的统计规律，以捕捉自然语言的语法、语义和上下文信息。大语言模型被广泛应用于文本生成、机器翻译、对话系统等自然语言处理场景中，正在不断推动这些领域的发展和创新。

GPT（Generative Pre-Trained Transformer，生成式预训练 Transformer[⊖]）是大语言模型的一种具体实现，由 OpenAI 提出，基于 Transformer 架构，采用了自注意力机制和多头注意力机制，可有效地处理长距离依赖关系和上下文信息。Transformer 架构是目前大语言模型的主要技术体系，自 2017 年由 Google 的翻译团队提出后迅速流行开来，促进了大语言模型的快速发展。基于 Transformer 架构涌现出很多模型，如 OpenAI 的 GPT-3.5、GPT-4，Anthropic 的 Claude3，以及 Meta 开源的 LLaMA2 等，其中也有一些优秀的开源国产模型，如智谱华章 ChatGLM、通义千问、百川等，用户可以下载并免费使用这些模型。

本章介绍大语言模型的基本概念、基本原理、应用开发技术和训练方法，以便读者全面了解大语言模型的基础知识。

⊖ Transformer 的原意是变形金刚或变压器，在人工智能领域中代表一种转变，如将一种语言翻译成另一种。

1.1 大语言模型概述

1.1.1 基本情况

自然语言处理是研究如何利用机器来处理和理解人类语言的理论及技术领域。作为人工智能的一个重要分支和计算语言学的子领域，自然语言处理的目标是使机器真正理解人类语言，解决在计算机处理过程中出现的各种语言相关问题，实现人机交互，并以人类可以理解的方式进行反馈。自然语言处理涉及多个研究方向，包括语音识别、自然语言理解、对话系统、机器翻译等。近年来，随着深度学习在自然语言处理领域的广泛应用，该领域取得了巨大的进展。

大语言模型是自然语言处理的一种技术方向。与传统的专用“小”模型不同，大语言模型凭借“大”语料、“大”算力和“大”参数取得优势。当规模达到一定程度时，模型会展现出涌现能力（Emergent Ability），即从原始训练数据中自动学习并发现新的、更高层次的特征和模式的能力。简而言之，大语言模型具有触类旁通的能力，其知识不仅来源于原始语料，还能够创造性地生成，这是小模型难以达到的。

大语言模型在自然语言处理领域具有广泛的应用，涵盖了许多子领域。以下是大语言模型的一些应用场景。

①自然语言生成：模型的自然语言生成能力使其成为生成文章、源程序、故事、新闻报道、营销文案等文本内容的理想工具。这些生成的文本通常都是合理、流畅并且符合语法规则的。

②自动问答系统：回答用户提出的问题，如智能客服、知识库增强检索等。这类系统可以暂存用户的问答历史记录，进行多轮关联问答对话。

③对话系统：以 Chat 方式与用户进行交流，如智能助手、聊天机器人等。这类系统可以根据用户的提问或指令生成语义正确、语气自然、逻辑合理的回答或响应。

④文本摘要：提取文本中的关键信息，生成摘要或总结，如论文的摘要书写、医疗文书的结构化信息生成等。

⑤机器翻译：利用大语言模型的上下文理解能力、长距离依赖建模和多语言支持等特性，改进语言翻译效果。

⑥代码生成：生成代码片段或程序代码，如自动化编程、代码补全等。

1.1.2 发展历史

大语言模型的起源可以追溯到早期的自然语言处理研究，包括基于规则的方法和基于统计的方法。基于规则的方法由于灵活性不足，发展缓慢；而基于统计的方法从 20 世纪 90 年代至今，取得了长足的发展。通过学习大量来自互联网的语料取得“经验”、提升能力，大语言模型在翻译领域的应用非常成功，其主流的技术是卷积神经网络（CNN）、循环神经网络（RNN）以及 Word2Vec 词嵌入技术等。

大语言模型的突破性发展出现在 2017 年，随着 Google 机器翻译团队那篇著名的论文"Attention is All You Need"㊀的发表，采用注意力（Attention）机制的 Transformer 架构开始大行其道。2018 年 OpenAI 推出了 GPT 系列模型，包括 GPT-1 和 GPT-2，这些模型都使用了 Transformer 架构，并收集了大量的语料库进行训练，从而实现了对长序列文本的处理和生成。

OpenAI 的 GPT-2 可称得上是一个划时代的模型。以现在的技术来看，GPT-2 参数量较少，基本上用于推理和文本补全场合，其知名度与 GPT-4 相去甚远。但实际上它已基本上具备了大语言模型在训练、语义理解、推理生成等方面的大部分特性，这几年在文本生成和分析场景中的应用非常广泛。

随着模型开发技术的进步、算力的提升，大语言模型的参数规模也在不断地扩大。2020 年，OpenAI 推出了 GPT-3，该模型拥有 1750 亿个参数。基于 GPT-3 的现象级应用是 OpenAI 和 GitHub 联合推出的 Copilt 辅助代码补全工具。同期，Google 推出了 BERT 模型，它使用双向 Transformer 架构，在多个 NLP 任务中取得了显著成果。

在基于 GPT-3.5 的 ChatGPT 面世之前，大语言模型虽然发展迅速，但依然是应用在比较专业的领域，如机器翻译、代码书写、文本推理生成等。直到 2022 年 11 月 OpenAI 发布了 ChatGPT，大语言模型从推理、预测这些相对专业的技术应用转变为人性化的聊天应用，进入大众的日常生活。之后，同类大模型层出不穷，国产模型也不断涌现，形成"百模大战"的态势。

大语言模型的技术方向和发展历程由 Mooler0410 整理，在 https://github.com/Mooler0410/LLMsPracticalGuide 上可以查阅，进化树见图 1-1。

（1）从发布年份来看（下面对年份进行了夸张描述，实际上只有短短 6 年的时间），主要的大语言模型如下。

- "史前"：Word2Vec。
- "远古"：BERT、GPT-1。
- "近古"：GPT-2、XLNet。
- "近代"：GPT-3、T5、GLM。
- "现代"：GPT-4、LLaMA2、Gemma、Claude3。

（2）从厂商来看，主要的大语言模型如下。

- Google：BERT、T5、Gemma。
- OpenAI：GPT-2、GPT-3、GPT-4。
- Claude：Claude2、Claude3。
- Meta（Facebook）：LLaMA2。
- 国产：GLM

㊀ https://arxiv.org/abs/1706.03762。

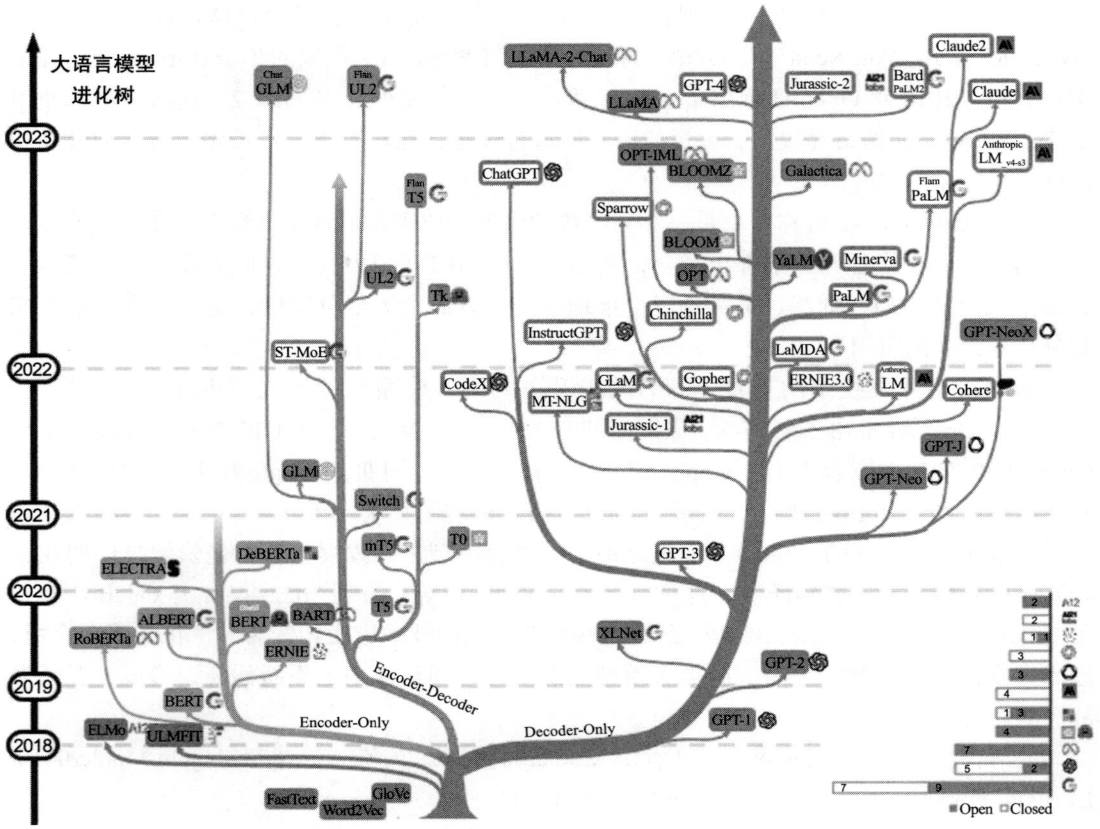

图 1-1　大语言模型进化树

（3）从架构来看（Encoder 和 Decoder 是 Transformer 的组成部分），主要的大语言模型如下。

- Encoder-only（仅编码器）：BERT。
- Encoder-Decoder（编码器 – 解码器）：GLM、T5。
- Decoder-only（仅解码器）：GPT、LLaMA、Claude、Gemma。

1.1.3 发展现状

大语言模型处于高速发展阶段，但依然处于 OpenAI 的 GPT 系列一骑绝尘、其他公司努力追赶的态势。Anthropic 推出了 Claude3，可能对 GPT 的地位构成一定威胁。Meta 的 LLaMA 出现在 ChatGPT 之后，但其开源生态对业界的推动非常大，涌现出一批基于 LLaMA 架构的国内外开源模型，满足了使用者在文本方面的大部分需求。Google 的 Gemma 推出时间不长，但起点比较高。国内的模型除商业化运转的文心一言、讯飞星火外，还有一些开源的模型，如 ChatGLM、阿里通义千问等，为用户提供了更多选择。整体而言，大语言模型领域的竞争日益激烈，各家厂商都在不断努力创新，为用户带来更优质的文本处理体验。

除了模型厂家推出的Chat类应用外，对开源大语言模型进行微调并将其应用于垂直专业领域也是大语言模型应用的重要发展方向。金融、医疗、编程等领域的专用大模型正在迅速发展。类似的定制化模型在不同行业中发挥着越来越重要的作用，为专业领域的用户提供了更加精准、高效的文本处理和分析工具。随着这些应用的不断完善和普及，开源大语言模型在专业垂直领域的应用前景将会更加广阔，为各行各业带来更多创新和便利。

从技术方面看，基于Transformer的Decoder-only架构是大语言模型的主流，各种模型表现出一定的技术趋同性。大部分开源的大模型都托管到huggingface.co网站，用户可以使用Hugging Face的Transformers库[1]（Package[2]）进行装载、推理、微调等。

1.1.4　发展趋势

首先，大语言模型在文本方面的能力已相当成熟，即使是具有2B（20亿）参数规模的较小模型，在大部分日常与文本相关的生产生活场景中，也表现得比较出色。其次，在多模态领域，大语言模型在理解图像、生成图像方面也逐渐走向成熟，文本生成图像（文生图）和图像生成图像（图生图）的应用越来越完善。另外，近期OpenAI发布的人工智能文生视频大模型Sora代表着一个全新的方向，开辟了多模态智能应用的新的可能性。

模型的小型化是另一个重要的应用发展趋势。大语言模型是将自然语言问题转化为数字计算的应用，因此GPU算力是大模型的主要运行资源。在实践中，对数值的计算可以容忍一定的精度下降而对结果无显著影响，基于这一前提，发展出了大语言模型的量化应用，即将模型中的权重（Weight）从高精度格式转换成低精度格式，如将32位浮点数转换成8位整数INT8的格式，期望量化后的模型在准确率上与量化前相近。经过量化处理的模型，可以脱离GPU而被移植到CPU上运行，甚至可以部署在Android手机上运行。这样的端侧部署方案在一些安全性要求高的环境、垂直专业领域、离线应用场景有一定的发展潜力。

1.2　基本原理

大语言模型首先在大规模的无标注语料上进行自监督预训练，通过掩码语言模型、下一句预测等任务，学习语言统计规律，之后针对下游NLP任务进行微调，以适应特定任务。例如，将基础模型微调后得到Chat模型，以便模型在对话任务中工作得更好。这种无标注语料的方法减少了模型对大量标注数据的依赖，使其可进行自回归生成，逐词预测下

[1] Hugging Face的Transformers库是基于PyTorch和TensorFlow构建的自然语言处理工具库，用于训练和使用预训练的NLP模型，以完成各种基于Transformer模型的自然语言处理任务，如文本分类、命名实体识别、文本生成等。

[2] Package，原义是“包”，本书统一使用“库”以便说明其功能。

一个最可能的 token[⊖]。

在文本生成过程中，模型学习如何连贯、流畅地产生由 token 组成的语言序列。这种生成机制模拟了人类语言的产生过程。大语言模型的参数量通常在十亿级甚至千亿级，这使其可以学习大量的语言知识，拟合训练语料的分布，理解语义信息，显示出强大的语言生成能力。

1.2.1 Transformer 架构

大语言模型通常采用 Transformer 或其优化版本作为骨干架构。Transformer 是一种基于自注意力（Self-attention）机制的深度学习模型架构，由 Google 翻译团队的 Ashish Vaswani 等人在 2017 年提出，主要用于处理序列数据。而在自然语言处理任务中，文本序列经过词汇表索引等方式转换为数字序列的形式，这一步骤是将语言处理转化为数学计算的关键环节。

Transformer 的核心是自注意力机制，能够在一个文本序列中的不同位置之间建立关联，从而更好地捕捉序列中的长距离依赖关系。通过自注意力机制，Transformer 能够并行处理输入序列中的不同位置信息，使其在处理长序列时具有更好的性能。在 Transformer 中，输入序列经过多层的注意力机制和前馈神经网络处理，最终输出表示序列的向量。基于 Transformer 的模型结构包括 Encoder（编码器）和 Decoder（解码器）两部分，Encoder 用于将输入序列编码为隐藏表示，Decoder 则用于根据 Encoder 的输出生成目标序列。Transformer 能够通过编码器 – 解码器结构、多头自注意力机制以及前馈全连接神经网络，学习语言中的长距离依赖关系，理解语义信息。由于 Transformer 具有并行计算能力和良好的建模能力，它在机器翻译、文本生成和问答系统等任务中表现出色。其架构如图 1-2 所示。

图 1-2 Transformer 架构示意

1.2.2 编码器与解码器

在 Transformer 中，输入序列首先通过一个编码器进行编码，然后通过一个解码器进行解码，最终输出目标序列。编码器和解码器并不总是成对出现，在近几年的发展中，大语言模型对 Transformer 架构的使用分化为三个技术流派：Encoder-only、Encoder-Decoder 和 Decoder-only。目前来看，Decoder-only 方向是主流。

Transformer 的编码器和解码器由多个相同的层堆叠而成。每个层包含两个子层：多头自注意力机制（Multi-Head Self-Attention）层和前馈全连接神经网络（Feed-Forward Fully Connected Neural Network）层。在每个子层之间还加入了残差连接和层归一化操作，有助

⊖ token 是指文本中最小的语义单元，可以是单词、字、字符或标点。

于缓解梯度消失问题，加速训练过程。

Transformer 由 6 层编码器和 6 层解码器组成，每一层编码器的输入是前一层编码器的输出，而每一层解码器的输入不仅是其前一层解码器的输出，还包括了整个编码部分的输出。原始的文字通过编码和解码过程，最终形成目标文本。其结构如图 1-3 所示。

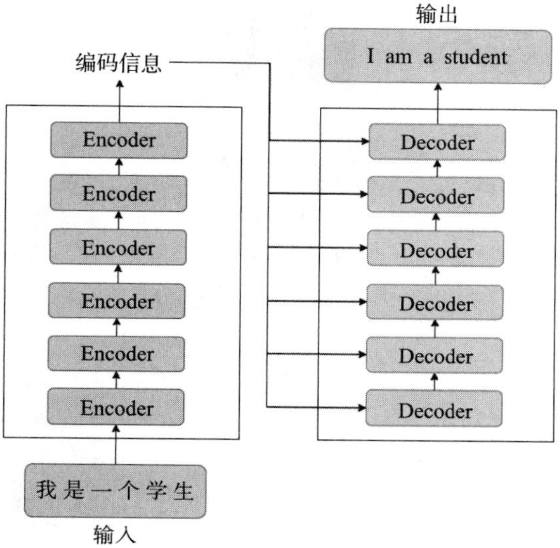

图 1-3 Transformer 分层结构

1.2.3 自注意力机制

自注意力机制是一种用于计算序列数据中不同位置之间依赖关系的方法。在自注意力机制中，每个输入位置都会与其他位置进行交互，以便根据它们之间的关系来调整其表示。自注意力机制允许模型查看输入序列中的其他 token，以便更好地理解序列中的某个 token。

如图 1-4 所示，在“大”“模”“型”三个 token 之间，“型”与“大”的关系最密切，与“模”的关系次之。

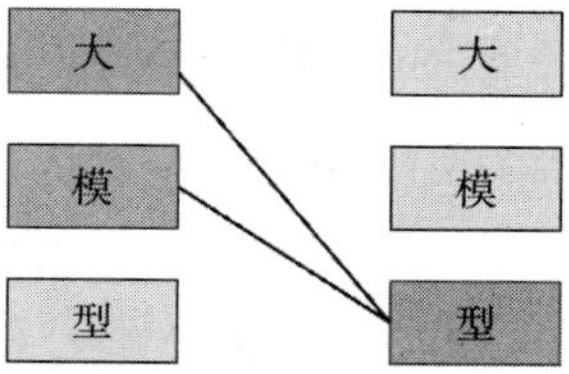

图 1-4 自注意力机制示意

注意力函数用于计算输入序列中每个位置与其他位置之间的注意力权重，可以描述为将一个查询和一组键值对映射到输出，其中查询（$\boldsymbol{Q}$）、键（$\boldsymbol{K}$）、值（$\boldsymbol{V}$）和输出都是向量，输入乘以三个不同的权重矩阵分别得到 $\boldsymbol{Q}$、$\boldsymbol{K}$、$\boldsymbol{V}$，如图 1-5 所示。

$\boldsymbol{Q}$ 乘以 $\boldsymbol{K}^{\mathrm{T}}$ 得到一个 3×3 矩阵，分别表示一个 token 内各元素之间的注意力值（相关性），见图 1-6。

d_k 是缩放系数，默认值为 64，可以使结果不至于过大或过小，避免经过 softmax 函数计算之后的结果非 0 即 1。softmax 是归一化函数，可以将数值向量转换为概率分布，即将向量与向量之间的相关性通过概率分布的形式表现出来。softmax 函数计算过程如图 1-7 所示。

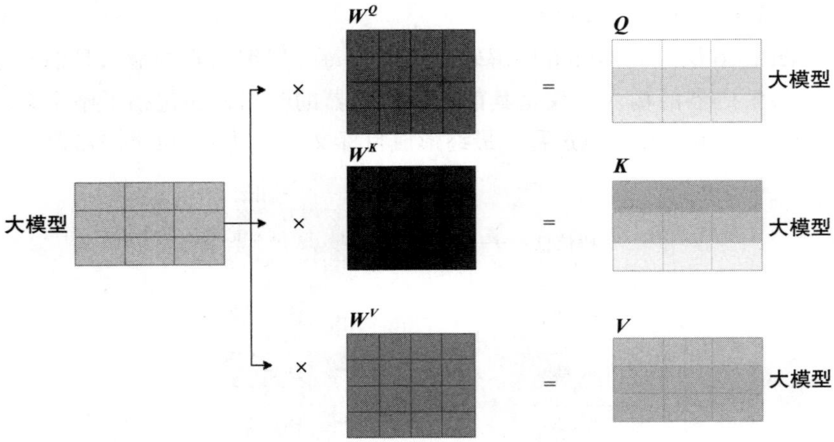

图 1-5　自注意力中的 $\boldsymbol{Q}$、$\boldsymbol{K}$、$\boldsymbol{V}$

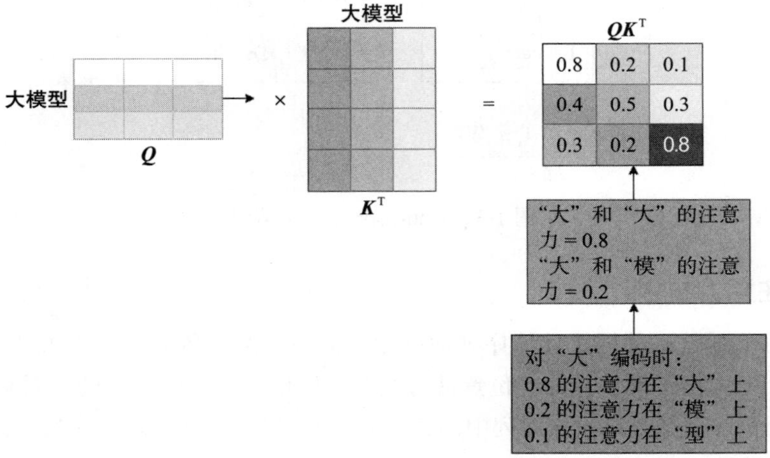

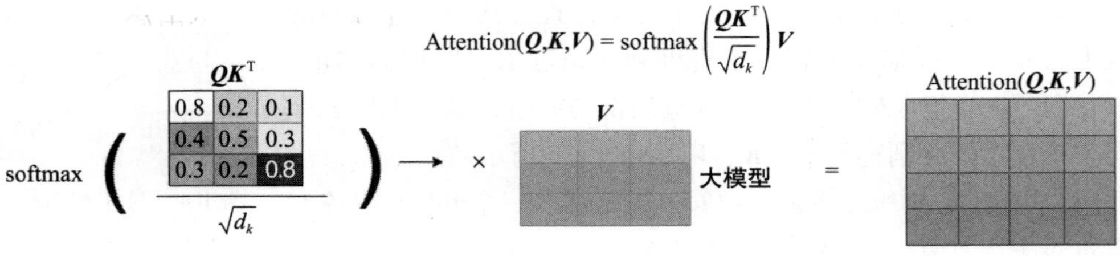

图 1-7　softmax 函数计算过程

在 Transformer 架构中，注意力模块会并行地重复计算多次。其中的每一次计算被称为一个注意力头（Attention Head）。注意力模块将 $\boldsymbol{Q}$、$\boldsymbol{K}$ 和 $\boldsymbol{V}$ 分成多份，然后将每一份独立地通过一个单独的注意力头进行处理。这些注意力计算结果最终被融合在一起，形成注意力分数，这种机制被称为多头注意力，能使得 Transformer 更好地捕捉每个单词之间的多重关系和细微差别。自注意力关注序列内每个位置对其他所有位置的重要性，而多头注意力则通过在多个子空间中并行计算注意力，使模型能够同时捕获和整合不同方面的上下文信息，从而增强了对复杂数据内在结构的分析能力。

1.3 应用开发技术

1.3.1 Python

Python 是一种高级编程语言，由 Guido van Rossum 在 1989 年首次发布。Python 代码可读性高、便于维护、语法简洁，且 Python 是面向对象编程，被广泛用于数据科学、机器学习、人工智能、Web 开发、自动化脚本和游戏开发等领域。

随着人工智能和自然语言处理领域的不断发展，Python 在 GPT 应用开发中扮演着越来越重要的角色，并且得到了持续的更新。PyTorch、TensorFlow、NumPy 和 Transformers 这些库提供了构建和训练 GPT 模型所需的工具与资源，开发人员可以利用 Python 的简洁语法和强大的库来快速实现各种 GPT 应用。在本书中，后台应用都采用了 Python 来进行编写，仅使用 100 行以内的代码就可以实现复杂、功能强大的应用。

下面介绍一下书中涉及的两个最主要的库：PyTorch 和 Transformers。

1. PyTorch

PyTorch 是 Torch 的 Python 版本。Torch 是一个开源的机器学习库，最初由 Facebook（Meta）开发，提供了许多用于构建深度学习模型的工具和算法。Torch 使用 Lua 编程语言，提供了一个灵活的张量库，可以在 GPU 上高效地运行。PyTorch 提供了与 Torch 类似的功能，它使用 Python 作为主要编程语言，提供了许多方便的工具和接口，使得构建和训练深度学习模型更加简单、直观。

2. Transformers

Transformers 库与 Transformer 有关。Transformer 是大语言模型开发中使用的一种深度学习架构，而 Transformers 是 Hugging Face 开发的一个开源的自然语言处理库，支持许多预训练 Transformer 模型（如 BERT、GPT、LLaMA），提供了方便的 API 和工具，使开发者使用这些预训练模型变得更加简单和高效。开发者可以轻松地加载、微调和使用这些模型，从而快速构建和训练自己的 NLP 模型应用。

1.3.2 React.js

React.js 是一种用于构建用户界面的 JavaScript 库，由 Facebook（Meta）开发，使用组件化的方式来构建 UI，使开发人员能够更加高效地构建复杂的 Web 应用程序。在本书提供的开发案例中，除个别应用以命令行模式运行或以 Python 构建 Web 应用外，其他的都需要开发客户端，本书选用 React.js 演示客户端开发，主要是考虑到了 React.js 的以下优势。

- 组件化 UI：React.js 使用组件来构建 UI，使开发人员能够更加清晰地组织代码，并且能够更好地维护代码。本书中经常使用的客户端 Chat 组件，就是使用了开源软件 ChatUI[⊖]定制的。
- 动态性：React.js 支持动态渲染，能够实时地更新 UI，使应用程序更加响应式。
- 热更新：React.js 支持热更新，能够实时地更新 UI，这样修改源代码的结果会立刻反映到浏览器里，不需要重启服务，也不需要刷新网页，应用程序开发效率更高。
- Node.js 支持：React.js 应用程序在开发过程中，需要 Node.js 环境的支持，而大语言模型提供了 OpenAI 的兼容推理接口，这样客户端就可以使用 openai-node 组件调用大模型服务。从客户端的角度来看，统一的接口消除了访问不同大模型方法的差异。

1.4 训练方法

本书所涉及的大语言模型大多是预训练模型。在相关语境中，训练（Training）和微调（Fine-Tuning）这两个概念的界限比较模糊，提及“训练”时往往指的是“微调”。但预训练（Pre-training）和微调则完全不同，预训练是指训练出一个已经掌握了各种语言特征规律及人类知识的模型，并且用参数来固定这些已学到的知识。而微调是指调整大语言模型的参数以适应特定任务的过程，是通过在与任务相关的数据集上训练模型来完成的。微调的基本原理是在训练开始时对预训练模型中的权重进行初始化，然后在训练过程中逐步调整这些权重，以适应新的下游任务，如对话、翻译、文本分类、写摘要等。举例来说，ChatGPT 使用的模型是在基础模型 davinc 上微调形成的，GLM 基础模型在微调后生成对话模型 ChatGLM。

微调过程虽然复杂，但相对于训练一个全新模型而言，它只涉及对参数进行细微调整。此外，微调所使用的数据集通常相对较小。目前主流的微调方法有 FFT、RLHF、P-Tuning 和 LoRA 等。与训练一个预训练模型需要海量的语料不同，微调的数据量较小，一般由 52000 个任务数据组成。

1.4.1 FFT

FFT（Full Fine Tuning，全量微调）是一种对整个预训练模型的所有参数进行微调的方法，预训练模型的所有层和参数都可能会被更新和优化，以适应新加入的语料。这种微调方法通常适用于微调任务和预训练模型之间存在很大差异的情况。比如，预训练模型是一个基础模型，只包含常规的知识和语法结构，而微调的目标是让其能用于金融服务。全微调需要较多的算力资源和时间，但可以获得比较好的效果。

⊖ https://chatui.io/，由阿里巴巴开发。

1.4.2　RLHF

RLHF 是 Reinforcement Learning from Human Feedback（人类反馈强化学习）的缩写，是指基于人类反馈对大语言模型进行强化学习，让大模型生成的结果更符合人类的期望。RLHF 是 ChatGPT 模型训练的手段之一。RLHF 训练流程分为以下三步。

- 监督微调（Supervised Fine-Tuning，SFT）：使用人工精选的问题与答案，对预训练的语言模型进行微调，形成多个预选模型。
- 奖励模型微调（Reward Model Fine-Tuning，RW）：用多个模型（初始模型、微调模型）给出问题的多个回答，然后人工对这些问答按一些标准（可读性、无害、正确性）进行排序，训练一个奖励模型 / 偏好模型来进行打分。
- RLHF 训练：利用近端策略优化（Proximal Policy Optimization，PPO）算法，根据 RW 模型的奖励反馈进一步微调 SFT 模型。

实践 RLHF 微调并不需要很高的算力，可以在消费级的推理卡上进行，Deepspeed-chat[㊀] 给出了完整的 RLHF 三阶段微调方法和示例。

1.4.3　P-Tuning

P-Tuning 是 ChatGLM 模型专用的微调方式，是在微调方法的基础上进行改进而形成的一种参数高效的微调方法。P-Tuning 过程中只有少量参数参与微调，训练计算复杂度相对较小，其原理是将人工提示词模板转换成可学习的连续向量，通过学习下游任务来优化这些向量，从而自动生成效果良好的自动提示模板。P-Tuning v2 对该方法进行了适当优化，使其在各种规模的模型中普遍有效。优化后的提示调整策略在中小型模型和序列标注任务上实现了与传统微调相当的性能。

1.4.4　LoRA

LoRA[㊁]（Low-Rank Adaptation of large language model，大语言模型的低秩适配）的基本原理是冻结预训练好的模型权重参数，在冻结原模型参数的基础上向模型中加入额外的网络层，并只训练这些新增的网络层参数。由于这些新增参数的数量较少，这样不仅微调的成本显著下降，还能获得和全模型参数参与微调类似的效果。在实践过程中，经过 LoRA 微调的模型，对新加入的语料知识进行学习的效果显著，是一种低算力、低成本但效果较好的微调方法。

1.5　常见现象

大语言模型应用领域经常会出现一些“非专业术语”，描述一些现象，在这里我们做一下详细说明。

㊀ https://github.com/microsoft/DeepSpeedExamples/tree/master/applications/DeepSpeed-Chat。

㊁ https://arxiv.org/pdf/2106.09685.pdf。

1.5.1 幻觉

大模型幻觉（Hallucination）指大模型在面对某些输入时，产生不准确、不完整或误导性的输出，即“一本正经地说胡话”，比如输出不准确的回答、不存在的参考文献、对最近新闻的不合理评论等。幻觉的形成原因有很多，如模型参数太少、语料时效性差、语料数量或训练不足。总之，因为大语言模型的强大能力，人们误认为它能回答一切问题，实际上这是不可能的。模型为了避免自身知识储备不足导致“拒绝回答”造成用户不信任，会生成语义正确但逻辑错误的答案。这种情况被称为“幻觉”，但该现象名称的诗意实际上无法掩盖问题的严重性。

1.5.2 灾难性遗忘

灾难性遗忘（Catastrophic Forgetting）通常发生在大语言模型进行参数微调后，学习新知识的过程会迅速破坏之前获得的信息。简单来说，微调过程中大语言模型的参数发生变化，模型将原来学到的知识“忘记”，输出效果还不如原始模型，原因多是语料质量差、训练不够、噪声干扰、过度拟合微调数据集等。

1.5.3 涌现

涌现是指模型未经直接训练，突然而不可预测地展现出的能力。例如，在用大量自然语言文本训练后突然能够回答并未见过的问题，总结段落或文章的内容，解答数学题并达到较高的准确率。这个能力是在模型参数达到一定规模或训练到一定阶段突然出现的非线性增长，见图 1-8。

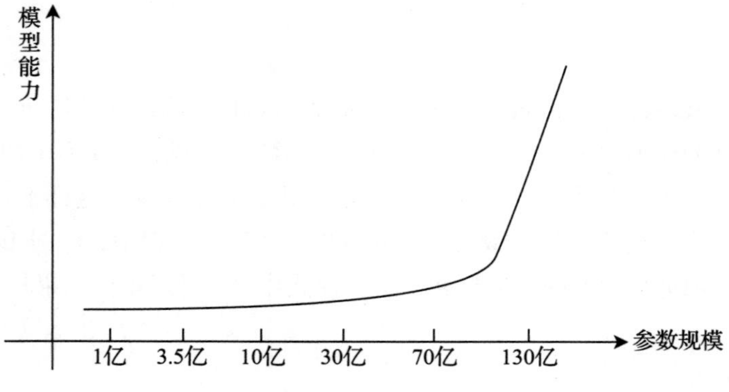

图 1-8 涌现示意

但对于是否真的存在这种难以解释的涌现情况，业界目前有两种观点。

1）确实存在涌现：随着参数量和训练数据增加，规模较大的模型确实会突然具备规模较小的模型所不具备的能力，而且不能从规模较小的模型的表现推导出在什么规模条件下新能力会出现。

2）不存在涌现：这是不完善的评估方法造成的错觉，使用非线性或不连续的评估标准会造成涌现的假象，而通过线性或连续的评估标准可以相当好地预测大语言模型的能力。

1.5.4　价值对齐

随着大模型开始从事语言理解和内容生成工作，人们需要面对一个非常有挑战性的问题：如何让大模型的能力和行为跟人类的价值观、真实意图和伦理原则保持一致？这个问题被称为“价值对齐”（Value Alignment）。价值对齐是AI安全的一个核心议题，一个没有价值对齐的大语言模型，可能输出含有种族歧视、性别歧视、违法或不良倾向的内容。对此，人类反馈强化学习（RLHF）被证明是一个有效解决价值对齐问题的方法，它通过少量的人类反馈数据就可能实现比较好的对齐效果。模型的对齐步骤必不可少，但如果开发并运营一个基于大语言模型的产品，只进行模型对齐是不够的，还要在应用端做大量的信息处理工作，拦截明显不符合人类价值观的问题和答案。

Chapter 2 第 2 章

大语言模型应用架构

本书介绍的大语言模型应用主要是指将大型模型部署到本地环境中，而不是直接使用 ChatGPT 等云端服务。换句话说，这些模型被安装在本地 GPU 算力服务器上运行，而不依赖其他在线服务资源。通过学习这些完整的大型模型应用案例，读者将全面了解大语言模型的部署方案和开发方法。

2.1 整体架构

构建一个完整的大语言模型应用，需要三大部分组件：第一部分是基础设施，包括搭建算力资源的硬件和操作系统软件；第二部分是基础软件，包括 CUDA（Compute Unified Device Architecture、统一计算设备架构）[1]、PyTorch、Python 虚拟环境 Anaconda 以及部署客户端应用的 Nginx[2]；第三部分是应用软件，一般由服务端和客户端组成。大语言模型应用的整体架构如图 2-1 所示。

1）基础设施层：由服务器、推理卡、网卡等硬件组成，提供模型应用运行的载体和算力保证，操作系统、推理卡驱动等也被归为基础设施层，为应用提供 GPU 计算的软件计算服务。

2）基础软件层：由 CUDA、PyTorch、Python 虚拟环境工具 Anaconda 和 Web 服务器 Nginx 组成，提供程序的运行环境和 AI 计算服务。

3）应用软件层：服务端由大语言模型文件、Transformers 库、基于大语言模型的应用服

[1] 由 NVIDIA 推出的通用并行计算架构，实现更高效的并行计算。

[2] 一种高性能的 HTTP 和反向代理 Web 服务器。

务程序以及 OpenAI 兼容 API 等组成，实现大语言模型的装载、推理和对外服务；客户端使用 Python 或 React.js 开发页面服务。其 Web 页面交互通过在浏览器端调用大模型 OpenAI 兼容接口实现，主要构成元素是 HTML5 和 JavaScript 代码。如果采用 React.js 编写客户端，则代码被编译成 HTML 与 JavaScript，并被部署到 Nginx 上，为客户端提供 Web 服务。

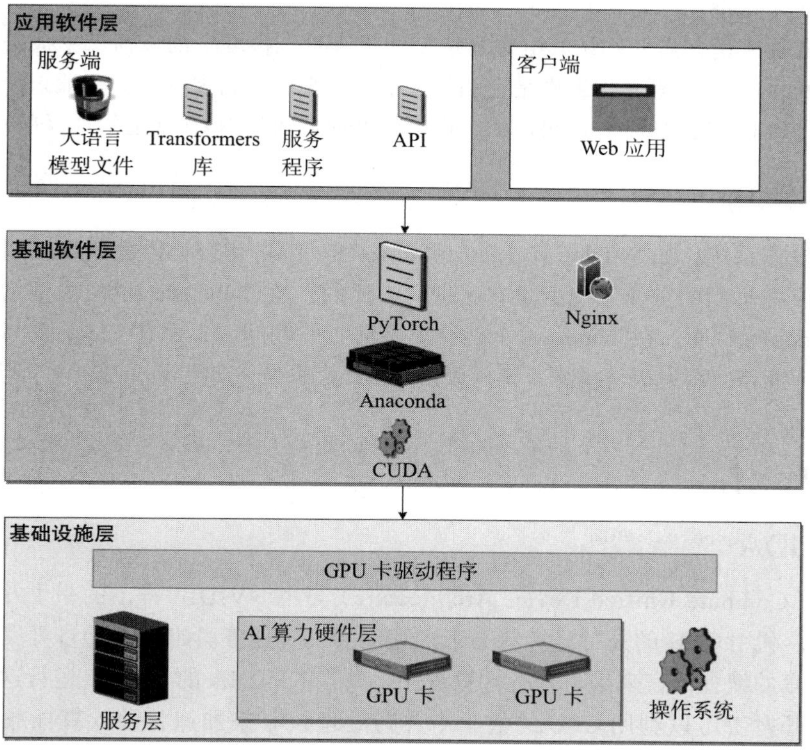

图 2-1 大语言模型应用的整体架构

2.2 基础设施

大语言模型的基础设施是指为了支持大规模语言模型训练和应用而建立的计算基础设施，主要包括满足推理卡运行要求的服务器、推理卡和操作系统。基础设施应具备较高的计算性能，以便在运行中处理大量并发的浮点运算。

2.2.1 硬件部分

硬件部分主要包括服务器和推理卡。AI 推理卡与消费级显卡有一定的区别。AI 推理卡是专门为人工智能应用程序设计的硬件，具有更强大的计算能力和更高的并行处理能力，可以支持深度学习、神经网络等复杂的 AI 算法，而消费级显卡则更多用于图形处理、游戏等日常应用，两者在计算能力上也有一定的区别。推理卡没有图像输出接口，不能当成显卡使用，一般不内置风扇，需要服务器靠自身硬件配置来解决散热的问题。有代表性的推理卡如 A100、A800、A10、P100、V100、T4 等，高性能的消费级显卡如 RTX4090、RTX3090、RTX2080 等。推理卡和显卡都可以用于支撑大语言模型的运算，可根据具体的需求和性价比来选型。

对于服务器来说，需要确认其电源容量是否足够承载推理卡的负荷，主板是否兼容推理卡，以及 CPU 内存容量等其他组件是否满足大语言模型的运行要求等。一般来说，是否可以运行大模型是由 GPU 的内存容量决定的，运行的性能如何是由 GPU 上的计算单元数决定的。

2.2.2 操作系统

主流的操作系统，如 Windows、Linux 和 macOS，都可运行大语言模型应用，但具体应用所依赖的库在不同的操作系统上是有区别的。比如，通过 PyTorch 的 k 位量化访问大语言模型的 bitsandbytes[㊀]库，在 Windows 上运行就会遇到一些问题，而在 Linux 上问题较少，所以如果长期训练和使用大语言模型，则建议采用 Linux 系统，如 Ubuntu22.04 发行版等。

2.3 基础软件

2.3.1 CUDA

CUDA（Compute Unified Device Architecture）是由 NVIDIA 推出的一个并行计算平台和编程模型，利用 GPU 的并行计算能力来加速通用计算任务。CUDA 允许开发者使用一种类似于 C 语言的编程语言来编写并行计算程序，并在 NVIDIA 的 GPU 上运行这些程序。通过 CUDA，开发者可以利用 GPU 的数千个并行处理核心来加速各种计算任务，包括科学计算、深度学习、图形渲染等。CUDA 提供了丰富的库和工具，帮助开发者更轻松地利用 GPU 的计算能力，从而实现更快速和高效的计算。

CUDA 需要推理卡驱动的支持。安装完驱动后，可以使用“nvidia-smi”命令查看驱动支持的最高 CUDA 版本，如 11.7、12.1、12.2 等。通常要安装与推理卡驱动适配的 CUDA 版本，以减少兼容性问题。例如，在使用 DeepSpeed 进行模型微调时，CUDA 和 PyTorch 的版本匹配要求很高，在实际操作中，需要根据具体情况选择合适的版本，而不一定要选择最新版本。

2.3.2 PyTorch

Torch 是一个开源的科学计算框架，提供了丰富的数学函数和数据结构，能够进行高效的科学计算和机器学习任务，基于 Lua 语言实现。PyTorch 是 Torch 的 Python 语言实现，

㊀ https://github.com/TimDettmers/bitsandbytes。

是一个由 Meta 的人工智能研究团队开发的开源深度学习框架，包含了一些 AI 运算的模块，如进行张量计算的 torch.Tensor 模块、用于 CUDA 交互的 torch.cuda 模块、与神经网络相关的 torch.nn 模块和分布式计算模块 torch.distributed 等。本书涉及的大语言模型，除将使用 C++ 开发的量化程序移植到 CPU 运行的情况外，其他的场景都需要 PyTorch 的支持，PyTorch 的版本比较多，在具体项目中，需要按组件依赖、CUDA 版本等情况选择合适的版本进行安装。

2.3.3 Anaconda

不同的大语言模型应用，使用的 Python 版本略有区别，依赖库的区别则更大。如果直接在操作系统上安装 Python 和依赖库，则会造成只能运行其中一个项目，甚至会出现由于一个项目中不同服务的依赖库冲突而无法运行的情况。为了避免这种情况，需要引入 Python 环境虚拟化的技术，将不同的项目运行在不同的虚拟环境中。每个虚拟环境有一套独立的文件体系，互不影响，以实现在一个操作系统下运行多个相互隔离的虚拟化环境。

实现 Python 环境虚拟化，可用 Python 的 venv 模块或 Python 的一个发行版 Anaconda。这两个软件都能达到环境隔离的目的，可任选其一。在本书中采用了 Anaconda，其架构如图 2-2 所示。

图 2-2 Anaconda 虚拟环境

Anaconda 是一个开源的 Python 发行版和库管理器，由 Continuum Analytics 公司开发和维护，包含了许多常用的 Python 库和工具，以及用于数据科学、机器学习和科学计算的软件库。Anaconda 还提供了一个名为 Conda 的库管理工具，可以帮助用户轻松地安装、更新和管理 Python 虚拟环境。经 Anaconda 管理的虚拟环境，依赖文件默认保存在“~/anaconda3/envs/ 虚拟环境名”下。

2.3.4 Nginx

Nginx 是一个高性能的 HTTP 和反向代理 Web 服务器，同时提供了 IMAP/POP3/SMTP 服务。Nginx 由伊戈尔·赛索耶夫开发，其源代码以类 BSD 许可证的形式发布，因其稳定

性、丰富的功能集、简单的配置文件和低系统资源的消耗而闻名。[一]

在本书中，大部分客户端例程采用 React.js 开发，在程序调试时，采用 npm[二]运行。在正式部署时，程序被编译成 HTML5 与 JavaScript 代码后复制到 Nginx 的 html 目录中即可完成部署。程序更新也只需重新更新编译后文件，甚至都不需要重启 Nginx。在应对比较高的并发时，可对 Nginx 的一些参数配置进行优化。Nginx 也可以支持负载均衡、配置 SSL 证书、HTTP 代理以及提供文件下载服务，是非常理想的 Web 服务器。

2.4 应用软件

2.4.1 大语言模型文件

大语言模型文件主要由模型的权重参数文件、模型的配置文件、词汇表文件和分词标记器的配置文件组成。模型下载到本地服务器后，由 Transformers 库装载到 GPU，提供推理服务。

2.4.2 Transformers 库

Transformers 库基本统一了大语言模型的调用 API。不管是哪一个模型，只要是 Hugging Face 格式，都统一采用 Model.from_pretrained 方式进行装载。虽然有的模型使用 AutoModel，有的采用诸如 LlamaForCausalLM 的专用 model 类，但总体上它们的编程方法是类似的。再比如模型微调，Transformers 库也提供了 TRL[三]、PEFT[四]等统一的编码方式，这样就基本上抹平了各个大语言模型在装载、推理、微调等方面的调用差异。

2.4.3 服务程序

服务程序一般作为应用软件的后端，装载大语言模型，进行推理服务。得益于 Transformers 库的封装，最简单的推理服务程序除去注释后，只有短短 6 行 Python 代码。有一个网络趣图描述了大语言模型开发的这种现象：程序员在面试时回答了很多关于 Transformer 的编码器 – 解码器架构和自注意力机制的技术细节，当他通过面试进行实际工作时发现，编写程序代码只要一行 “ import transformers” 就够了。这个故事虽然夸张，但也在一定程度上反映了大语言模型应用开发的现实特点。

```
from transformers import AutoTokenizer, AutoModel
# 装载 tokenizer
tokenizer = AutoTokenizer.from_pretrained("Tokenizer 路径 ")
```

[一] 引用自百度百科的 Nginx 词条。

[二] npm 的全称是 Node Package Manager，是一个 Node.js 包管理和分发工具。

[三] Hugging Face 开发的使用强化学习训练模型的库。

[四] Hugging Face 开发的模型高效微调工具。

```
# 装载 model
model = AutoModel.from_pretrained("模型路径", device='cuda')
# 将模型设置成评估模式
model = model.eval()
# 推理
response, history = model.chat(tokenizer, "你好", history=[])
print(response)
```

2.4.4 API

在 Chat 应用方面，OpenAI 提供的 API 主要有三个，分别是 models、completions 和 embeddings，其请求路径（path）及主要作用见表 2-1。

表 2-1 OpenAI 兼容接口的请求路径及主要作用

接口	路径	作用
models	/v1/models	获取服务端支持的 model 列表
completions	/v1/chat/completions	SSE[㊀] 方式的 chat 调用
embeddings	/v1/embeddings	获取文本数据的向量表示

在开发服务程序时，根据这三个标准接口，大部分能够访问 OpenAI 兼容接口的客户端即可通过设定接口地址接入服务。不过这些只是 Chat 应用的接口，在实际开发中，对于其他一些应用场景，如检索知识库、语音聊天，也可以变通使用 completions 接口来调用服务。

2.4.5 客户端程序

对于用来验证模型效果的 Demo，往往采用 Gradio 库[㊁]快速实现。Gradio 是一个开源的 Python 库，专门用于快速构建机器学习和数据科学领域的演示应用，广泛应用于大语言模型的 Demo 开发。在开发过程中，Gradio 提供内置的操作和解释工具，可以很方便地调用模型和进行交互。

还有一种更方便的调试大模型的方法，就是使用基于 Gradio 开发的开源大模型客户端，如 text-generation-webui[㊂]。这类客户端可直接装载本地的模型文件，进行 Chat 交互和 LoRA 微调，功能强大，界面美观。

如果准备开发对外服务的应用，那么使用 Gradio 或 text-generation-webui 就不太合适了，需要开发 OpenAI 兼容接口以及用 Gradio 或 React.js 定制客户端。

㊀ Server Sent Event，服务端发送事件，是指客户端与服务端建立连接后，服务端主动向客户端推送数据。

㊁ https://www.gradio.app/。

㊂ https://github.com/oobabooga/text-generation-webui。

Chapter 3 第3章

大语言模型应用的工作模式

大型语言模型的应用需要服务器和推理卡硬件的支持，同时需要 CUDA、PyTorch 等计算支持软件，此外，还需要包括大语言模型、Transformers 库、服务程序和客户端程序在内的完整组件集。本章将详细讨论这些组件的部署方式、协同工作机制，并介绍典型大语言模型应用的工作流程。

3.1 硬件部署

大语言模型通常使用的硬件部分包括服务端与客户端的硬件运行环境，这两端一般是分离的。服务端可细分为模型 API 服务、应用服务和 Web 服务，这些服务可以分开部署，也可以部署到同一台物理服务器或虚拟机上。其中，模型 API 服务提供支撑大语言模型的装载、运行和提供大模型 API 服务；应用服务除了支持客户端的大模型调用外，还提供文件上传接收、WebSocket 或其他应用服务；而 Web 服务提供页面服务。

客户端硬件包括个人计算机、笔记本计算机和移动端设备。它们通过浏览器访问 Web 服务器返回页面、提交数据和显示交互结果。

对于互联网应用，客户端与服务端之间还需要架设防火墙，Web 服务器需要绑定 SSL 证书以提供安全的 HTTPS 通道。

硬件部署结构如图 3-1 所示。

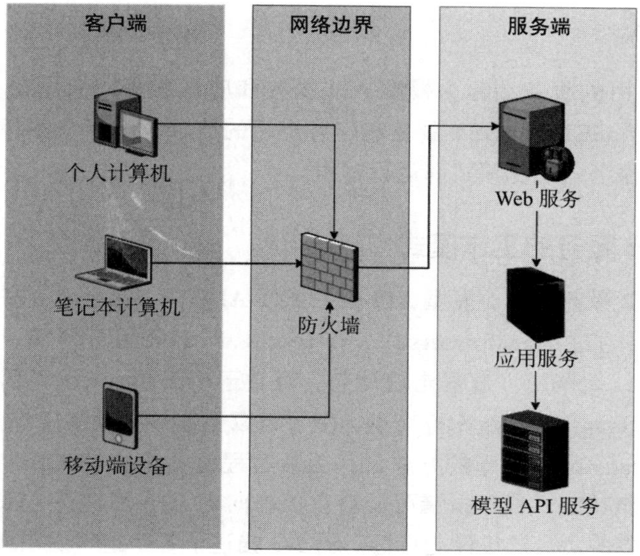

图 3-1　大语言模型硬件部署结构

3.2　应用软件部署

大语言模型应用软件，主要分为三部分。首先，模型 API 服务由 Python 编写[⊖]。其次，应用服务一般也由 Python 编写。如果应用场景比较简单，那么这部分服务可以与模型 API 服务合并，比如，在一个函数中既能响应客户端的 HTTP 请求，又能调用大模型的推理服务。再次，Web 服务既可以使用 Python 开发，也可以使用类似 React.js 的 JavaScript 框架开发。如果客户端是原生 App，则 Web 服务承担的是提供 SSL 证书、负载均衡、请求路径代理等功能。本书中的开发实例基本上是围绕这三部分构建的。应用软件部署结构如图 3-2 所示。

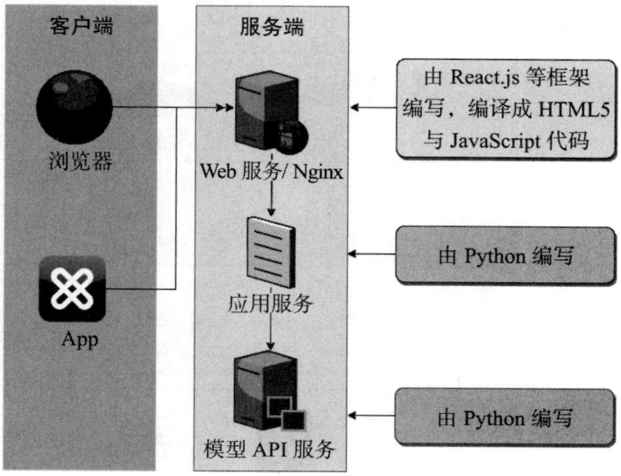

图 3-2　大语言模型应用软件部署结构

⊖ 对于量化模型应用，模型装载和推理是由量化程序负责的，但模型 API 还是用 Python 编写的。

3.3 运行模式

大语言模型应用的服务端分为模型 API 服务和应用服务，应用服务一般就是传统的 HTTP 服务，提供了 GET 或 POST 服务响应客户端的请求，没有太多特殊之处，所以本节重点描述模型 API 服务的工作模式和运行过程。

3.3.1 模型 API 服务的工作模式

与传统的 HTTP 服务不同，模型 API 服务依赖 AI 算力，处于上层的服务程序要想调用 GPU 算力，就需要通过 Transformers 库、PyTorch、Python 运行环境、CUDA、推理卡驱动等组件来一级一级地调用，过程比较复杂。得益于 Transformers 库的良好封装，实际的开发工作主要是与 Transformers 库打交道，但了解以上这些组件的工作方式是很有必要的。因为即使是调用 Transformers 库的方法，其入参过程也会涉及 CUDA，调试程序过程中要关注 PyTorch 的工作状态，程序报错可能会直接指向 CUDA 库文件，服务运行过程中还要通过推理卡驱动提供的命令监控性能指标。图 3-3 描述了各个组件的层级关系。

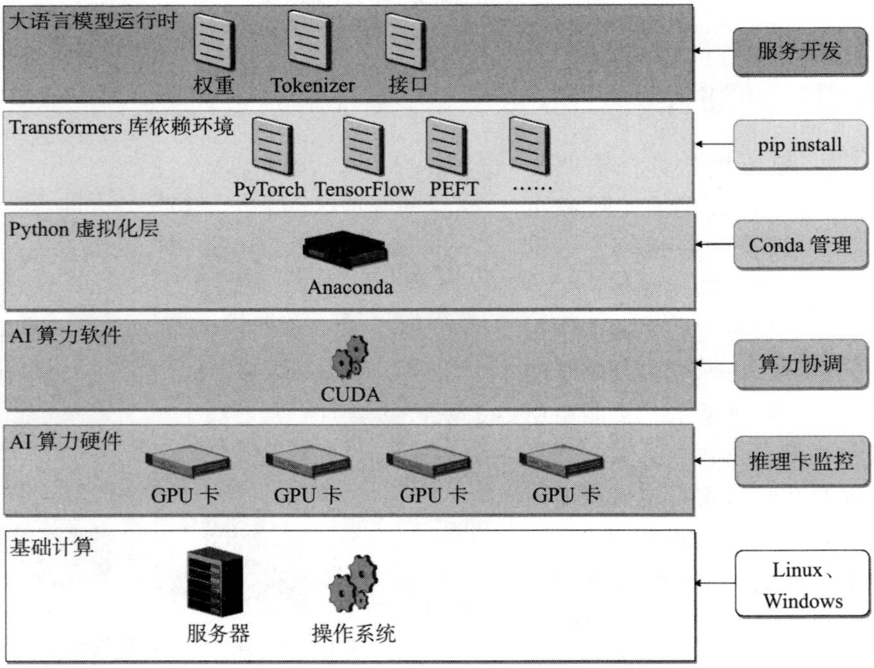

图 3-3　大语言模型 API 服务工作模式

①基础计算：包括服务器的 CPU、内存、硬盘、网络等，由操作系统协调提供基本的计算服务。

② AI 算力硬件：由一块或多块推理卡组成，在服务运行过程中，使用驱动提供的

"nvidia-smi"命令监控 GPU 计算单元的使用率、内存占用、温度、耗电等指标。

③ AI 算力软件：由 CUDA 协调推理卡工作，将计算过程落实到具体的推理卡上。

④ Python 虚拟化层：通过 Anaconda 隔离不同的项目的 Python 和依赖库，虚拟环境具体是由 Anaconda 的 conda 命令进行创建和激活的。

⑤ Transformers 库依赖环境：大模型服务程序一般只与 Transformers 库交互，而具体执行计算任务的是 Transformers 库背后的 PyTorch、TensorFlow 和微调库 PEFT。这些库使用 pip 库管理命令安装。

⑥大语言模型运行时：服务程序运行在 Anaconda 隔离出来的 Python 环境中，调用 Transformers 库函数装载权重和 Tokenizer，接收客户端的 API 调用请求进行推理并返回生成结果。

3.3.2　模型 API 服务的运行过程

由于 Transformers 库的封装隔离，服务程序一般只能直接依赖该库，这使得服务程序开发的关注点相对集中，主要是服务的启动和推理过程。

大语言模型 API 服务的启动过程如下。

①装载 Tokenizer。Tokenizer（分词标记器）[⊖]用来对文本进行预处理，将输入的文本分割成 token 序列，再将 token 序列转换成数字表示方式。具体过程包括：首先从指定的目录加载 Tokenizer 的配置文件，根据配置文件，实例化一个相应的分词标记器类（如 BERTTokenizer、GPTTokenizer）；再将加载的分词标记器配置文件应用到实例化的分词标记器中，以确保分词标记器与预训练模型一致。

②装载权重。将模型的权重文件按配置载入 GPU 的内存用于推理计算。首先从指定目录加载预训练模型的配置文件，根据配置文件实例化一个相应的模型类（如 BERT、GPT、LLaMA 等）；再将装载的模型配置文件应用到实例化的模型中，以确保模型结构与预训练模型一致。在有 GPU 的情况下，要将模型移动到 GPU 上以加速计算。

③设定模型为评估模式。将模型实例设置为评估模式后，其权重将不再更新，这与其在训练模式下不同。尽管在评估模式下，模型会进行梯度计算并存储梯度信息，但不会执行反向传播。换句话说，该模式下模型处于锁定状态，不会因推理过程而导致参数发生变化。

大语言模型 API 服务的推理过程如下。

①使用 HTTP 服务监听客户端的入参。这些参数里一般会包括模型名称、历史会话 Messages、预测参数（temperature、top_p、max_tokens 等），以及是否采用"流"的方式返回等信息。

⊖ Tokenizer 是将文本转换成 token 列表，进而转换成输入的向量，成为计算机可以理解的输入形式。作者认为有些文章翻译为"分词器"不太准确，可能会与汉字分词的概念冲突，而翻译成"分词标记器"比较接近原意。

②将入参中的 Messages 文本进行 Tokenizer 预处理，将其转化为数字表示形式后送入模型推理计算。

③将返回结果返回给客户端。如果客户端调用时要求用"流"方式返回，那么还要使用 SSE 主动向客户端推送结果。

大语言模型 API 服务的启动和推理过程见图 3-4。

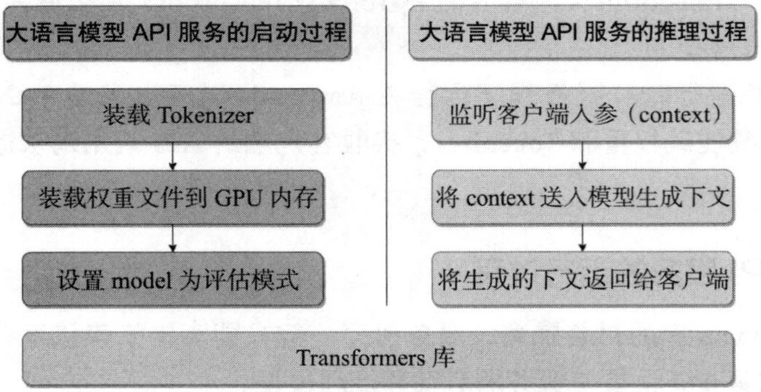

图 3-4　大语言模型 API 服务的启动和推理过程

3.3.3　前后端交互方法

与一般的 Web 应用不同，大语言模型应用输出的结果是推理生成的，而非查询数据库获得的。文本生成的过程往往相对耗时，而采用请求 / 响应的交互方法会导致用户体验较差，这表现在用户问一个问题后，需要等待数秒或数十秒，服务器才会一次性返回生成的结果。

大语言模型的推理是一个分步预测的过程，模型一次生成一定量的 token，逐步构建完整答案。只要将这个生成过程反映到客户端，就可避免用户长时间的等待。为此，OpenAI 兼容接口引入了 SSE 技术。SSE 是一种 HTML5 技术，允许服务器向客户端推送数据，不需要客户端主动请求，当服务端有新消息时，会实时将消息推送到前端，从而实现动态的聊天效果。从客户端来看，结果是一段一段生成的，不但生成过程无卡顿，而且能使用户体验打字的视觉效果，就像人工智能在不断地打字回答用户的问题。这样既减少了用户对大语言模型的性能焦虑，又提高了用户体验，还减轻了 API 服务的并发压力。SSE 的原理见图 3-5。

图 3-5　SSE 原理

3.3.4 前端实现

针对后端提供的 SSE 类型的接口，前端也需要采用与之匹配的接口调用方式。以 React.js 开发场景中使用的 openai-node 组件为例，其接口调用过程如下：

```
async function chat_stream(prompt) {
    message_history.push({ role: 'user', content: prompt });
    const stream = openai.beta.chat.completions.stream({
        model: '模型名称',
        messages: message_history,
        stream: true,  //流方式（服务端使用 SSE 响应）
    });
    var snapshot = "";
    for await (const chunk of stream) {
        //content是 SSE 推送的增量内容
        var content = chunk.choices[0]?.delta?.content;
        snapshot = snapshot + content;
        //更新界面显示
    }
    message_history.push({ "role": "assistant", "content": snapshot });
}
```

操 作 篇

大语言模型应用是实践性非常强的领域，从最基础的推理卡驱动安装，到各种组件部署，再到大语言模型的安装、微调、量化、开发等，几乎每一步都需要经历大量实际操作才能熟练掌握。

本书探讨的所有大模型都是基于Transformer架构的。在通过Transformers库操作时，虽然操作上具有一定的相似性，但在不同操作系统、不同推理卡、不同版本CUDA的条件下也存在差异，甚至微小的组件版本变化都可能导致复杂难解的技术问题。因此，提供一系列详尽且经过验证的实践过程讲解就变得格外重要。

本篇精选了一些具有代表性的模型和高频应用场景，进行了深入的阐述。读者一方面可以依照书中的步骤进行实操，另一方面通过理解这些案例中的原理和方法，将所学知识应用到同类模型的操作中，触类旁通。

本篇分为5章，主要讲解大模型的实操环节，包括应用环境的搭建，多种大模型的部署、微调与量化，囊括了大模型的常用操作。

- 第4章详细介绍大语言模型依赖的服务器、操作系统的配置要求以及推理卡的安装过程，以及在硬件条件具备的情况下，如何在多种操作系统上安装推理卡驱动、CUDA、Anaconda、PyTorch、Nginx以及Git等组件。
- 第5章详细描述ChatGLM、Qwen、LLaMA2、Gemma、Whisper等模型的部署过程。虽然这些模型都使用Transformers库进行操作，但有一些区别。在介绍过程中尽量采用简短的Python程序验证安装是否成功，以让读者尽早进入开发状态。
- 第6章讲解如何进行大语言模型微调。相对于部署，微调的操作步骤较多，涉及语料整理、模型微调、模型合并等具体操作，还涉及P-Tuning、LoRA等微调方案的选择和微调参数的设定。
- 第7章讲解在缺少GPU的低算力条件下，即在Windows与CPU算力下，如何部署大语言模型推理应用，涉及llama.cpp和gemma.cpp两种量化方案。
- 第8章介绍图像模型Stable Diffusion的安装与使用。读者可以了解如何实现文生图、图生图的多模态应用，为数字人应用的开发储备图像模型技术基础。

第 4 章 Chapter 4

应用环境搭建

本章介绍大语言模型应用环境的搭建。具体来说，本章详细描述推理卡硬件的安装，在 Ubuntu、Redhat 和 Windows 下如何安装推理卡驱动、CUDA、Anaconda 等基础软件，以及 PyTorch、Nginx、Git 的安装过程。

4.1 基础设施

4.1.1 服务器要求

大语言模型应用的硬件环境主要包括服务器和推理卡。服务器可以使用高性能的个人计算机代替，这在硬件配置上主要是对主板、电源有要求，电源功率至少为 750W，主板需要支持推理卡。与消费级显卡不同，推理卡无内置风扇，如果温度过高，那么推理卡的自我保护机制将起作用，导致在操作系统中无法识别推理卡。所以，需要在机箱内加装风扇制冷，确保推理卡能够正常工作。

4.1.2 操作系统准备

操作系统可选用主流的 Linux 发行版或 Windows 系统。在安装推理卡之前，先对操作系统进行更新，安装必要的补丁。如在 Ubuntu 上，则要通过“ sudo apt update”检查软件更新列表以及通过“ sudo apt upgrade”更新软件。需要注意的是，如果服务器已部署了其他应用且正在运行，则要慎用 upgrade 命令，避免相关软件在操作系统升级后无法工作。在 Windows 上的操作相对简单一些，直接用操作系统的“设置”→“更新与安全”→“检查更新”功能进行自动更新，风险很低。

4.1.3 推理卡安装

以 NVIDIA P100 推理卡为例。在安装时，将卡插入 PCI-E 插槽，上紧螺丝，确保推理卡牢牢固定并且能够正常散热，然后接通电源，效果如图 4-1 所示。

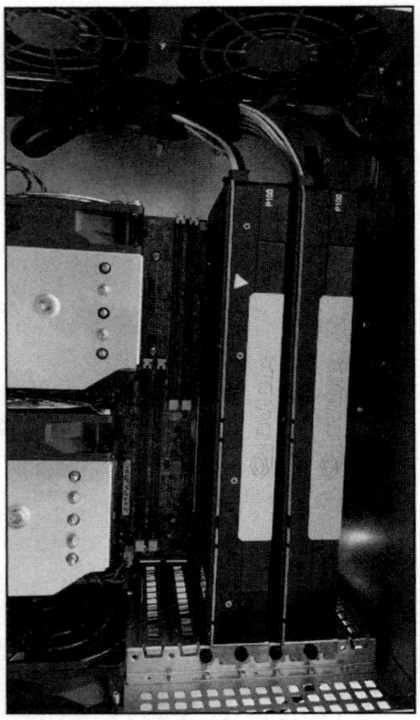

图 4-1 推理卡硬件安装

4.2 基础软件安装

下面介绍在不同的操作系统下，如何安装推理卡驱动、CUDA、Anaconda，以及安装成功后如何验证 PyTorch 与 CUDA 是否匹配。

4.2.1 Linux

Linux 的发行版很多，选取其中两个有代表性的发行版进行说明。一个是 Ubuntu22.04，使用 apt 管理软件包，另一个是 Red Hat Enterprise Linux 9（以下简称 RHEL），使用 yum 管理软件包。（以下代码中，以“#”开头的行是注释，不用执行。）

1. 安装推理卡驱动

（1）确认硬件正常安装

运行 lspci 命令，结果如图 4-2 所示，显示服务器上安装了一块 Tesla T4 卡。通常，推理卡型号不同，显示也会略有不同。

```
[ec2-user@ip-172-31-0-128 ~]$ lspci
00:00.0 Host bridge: Intel Corporation 440FX - 82441FX PMC [Natoma]
00:01.0 ISA bridge: Intel Corporation 82371SB PIIX3 ISA [Natoma/Triton II]
00:01.3 Non-VGA unclassified device: Intel Corporation 82371AB/EB/MB PIIX4 ACPI (rev 08)
00:03.0 VGA compatible controller: Amazon.com, Inc. Device 1111
00:04.0 Non-Volatile memory controller: Amazon.com, Inc. NVMe EBS Controller
00:05.0 Ethernet controller: Amazon.com, Inc. Elastic Network Adapter (ENA)
00:1e.0 3D controller: NVIDIA Corporation TU104GL [Tesla T4] (rev a1)
00:1f.0 Non-Volatile memory controller: Amazon.com, Inc. NVMe SSD Controller
[ec2-user@ip-172-31-0-128 ~]$
```

图 4-2 推理卡硬件信息

（2）更新操作系统

Ubuntu 与 RHEL 有两处不同。一处是 Ubuntu 用 apt 作为包管理器，RHEL 用 yum。另一处是 RHEL 需要额外安装与其 Linux 内核相匹配的开发包。这是因为在安装推理卡驱动时需要用到该开发包。而 Ubuntu 已内置了内核对应版本的开发包，不用另装。

```
# Ubuntu 上只需要一步操作
sudo apt update
# RHEL 上需要更新开发包
```

```
sudo yum update
# 根据 uname -r 查出 kernel 版本号
uname -r
# 比如版本号为 3.10.0-957.el7.x86_64，则执行以下命令
sudo yum install gcc kernel-devel-3.10.0-957.el7.x86_64 kernel-headers
```

（3）安装编译环境

wget 用于下载文件，Ubuntu 默认已安装，RHEL 需要额外安装。

```
# Ubuntu
sudo apt install g++
sudo apt install gcc
sudo apt install make
# RHEL
sudo yum install g++
sudo yum install gcc
sudo yum install make
sudo yum install wget
```

（4）禁用 Nouveau

Nouveau 是 Linux 系统自带的开源显卡驱动程序。它使用户安装完操作系统后，即可直接进入桌面并且具备不错的显示效果，所以很多 Linux 发行版默认集成了 Nouveau 驱动。在安装 NVIDIA 官方驱动程序时，需要禁用系统中的 Nouveau 驱动，以避免冲突和确保新的驱动程序能够正确加载。

```
# 编辑 blacklist.conf 文件
sudo vi /etc/modprobe.d/blacklist.conf
# 结尾处增加以下两行代码
blacklist nouveau
options nouveau modeset=0
# 保存后退出
# 对上面修改的文件进行更新
# Ubuntu
sudo apt install dracut
sudo dracut --force
# RHEL
sudo update-initramfs -u
# 重启系统
sudo reboot
# 验证是否禁用了 Nouveau，显示为空则说明成功禁用
lsmod | grep nouveau
```

（5）关闭显示服务

```
# Ubuntu 和 RHEL
sudo telinit 3
# 仅 Ubuntu
sudo service gdm3 stop
```

（6）下载驱动程序

要确认安装哪个版本的驱动程序，可到 NVIDIA 的官网，选择产品类型、系列、家族及操作系统等，然后搜索、下载，如图 4-3 所示。

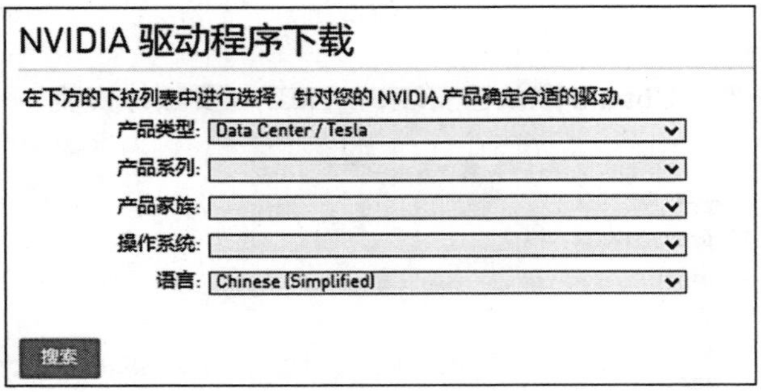

图 4-3　NVIDIA 驱动程序的搜索、下载

也可直接使用下列命令下载 525.85.05 版本的驱动程序。

```
wget https://us.download.nvidia.cn/XFree86/Linux-x86_64/525.85.05/NVIDIA-
    Linux-x86_64-525.85.05.run
```

（7）安装驱动程序

```
chmod +x NVIDIA-Linux-x86_64-525.85.05.run
sudo ./NVIDIA-Linux-x86_64-525.85.05.run
# 安装过程中有 warning 或选择项，选默认项即可
```

（8）验证驱动程序

安装完成后，使用“nvidia-smi”命令查看驱动程序是否生效，如图 4-4 所示。

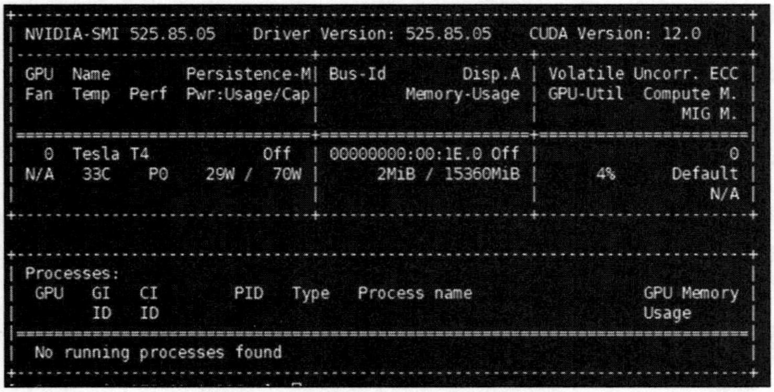

图 4-4　查看推理卡在 Linux 上的运行情况

其中可见推理卡的一些指标，见表 4-1。

表 4-1　通过“nvidia-smi”命令显示的推理卡在 Linux 上的指标示例

指标项	指标值
驱动程序版本（Driver Version）	525.85.05
支持的 CUDA 版本（CUDA Version）	12.0
推理卡个数	1
推理卡名称	Tesla T4
GPU 内存	16GB
额定功率	70W
目前耗电量	29W
GPU 使用率	4%
使用推理卡的进程（Processes）	暂无（No running processes found）

2. 安装 CUDA

（1）选择安装程序

CUDA 安装包与操作系统、CPU 架构、Linux 发行版及版本、安装介质类型有关，如果要安装 CUDA12.0.1，则可以打开以下网址：https://developer.nvidia.com/cuda-12-0-1-download-archive。安装其他版本的 CUDA 也是用类似的方式。在该网页上选择好参数后，会生成下载命令和安装方法，见图 4-5。

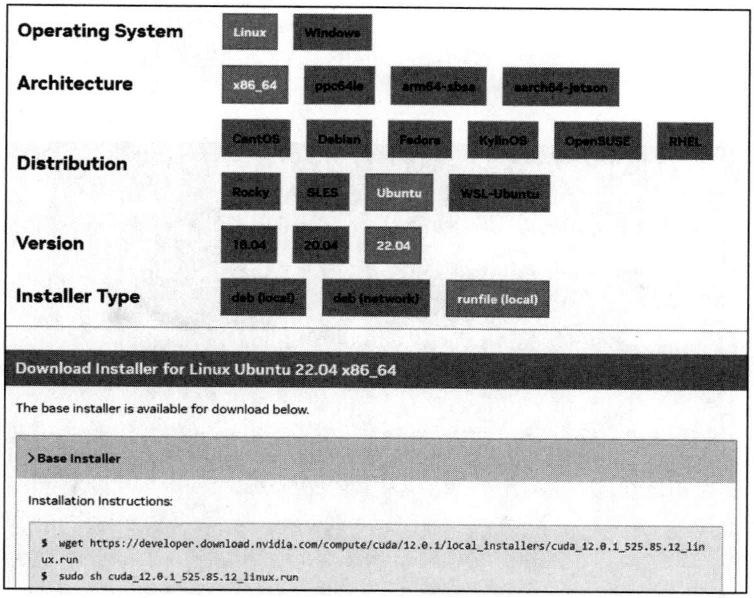

图 4-5　CUDA 安装程序选择

（2）下载安装程序

```
wget https://developer.download.nvidia.com/compute/cuda/12.0.1/local_installers/
    cuda_12.0.1_525.85.12_linux.run
```

（3）运行安装程序

```
chmod +x cuda_12.0.1_525.85.12_linux.run
sudo ./cuda_12.0.1_525.85.12_linux.run
```

安装过程中，需要在同意协议的地方手动输入“accept”，然后按下回车键，见图 4-6。

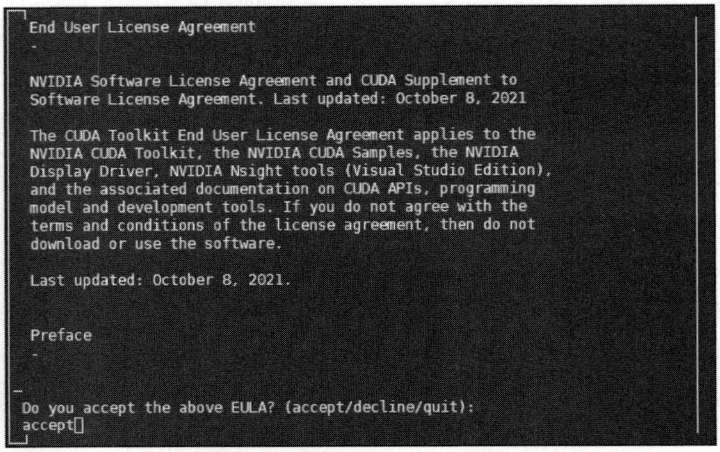

图 4-6　安装 CUDA 时同意协议

由于推理卡驱动已安装，要将“Driver”前的“√”用空格键去除，然后选择“Install”安装，见图 4-7。

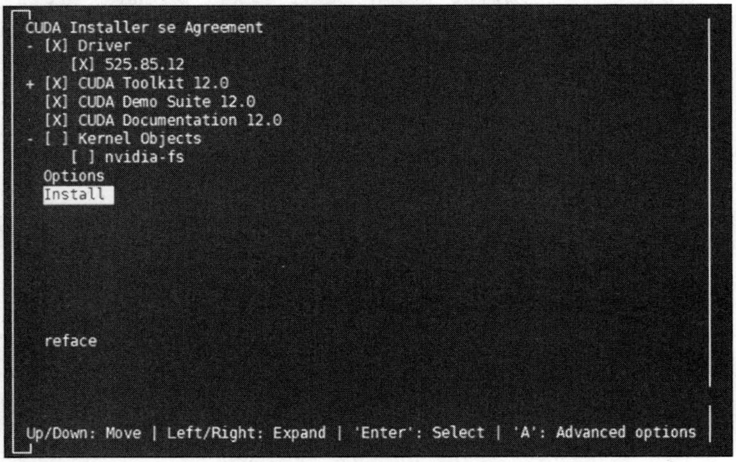

图 4-7　开始安装 CUDA

注意 在 Ubuntu20.04 上第一次安装 CUDA 时，可能会报错，而再次安装时，接受协议后会出现一个“Upgrade all”选项，根据这个选项安装即可。而在 Ubuntu22.04 上还未出现过这种情况。

（4）增加环境变量

```
# 增加环境变量
vi ~/.bashrc
# 增加以下两行代码
export PATH=/usr/local/cuda-12.0/bin:$PATH
export LD_LIBRARY_PATH=$LD_LIBRARY_PATH:/usr/local/cuda-12.0/lib64
# 环境变量生效
source ~/.bashrc
```

（5）验证安装

待成功安装，运行“nvcc -V 命令”，会显示 CUDA 版本号。

3. 安装 Anaconda

（1）下载安装包

```
wget https://repo.anaconda.com/archive/Anaconda3-2023.09-0-Linux-x86_64.sh
```

（2）运行安装包

```
chmod +x Anaconda3-2023.09-0-Linux-x86_64.sh
./Anaconda3-2023.09-0-Linux-x86_64.sh
# 注意，Anaconda 应在当前用户环境下运行，安装时不用加 sudo 命令
```

在安装过程中，有几处注意事项。

第一处：开始阅读协议，需要按下回车键确认，见图 4-8。

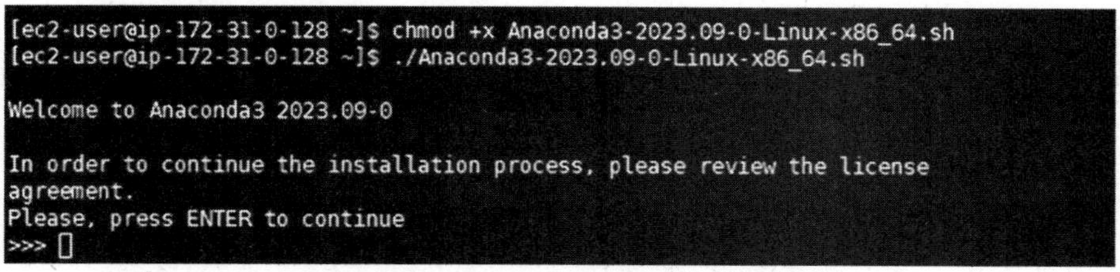

图 4-8　Anaconda 安装开始阅读协议

第二处：阅读完协议，输入“yes”再按下回车键表示同意协议，见图 4-9。

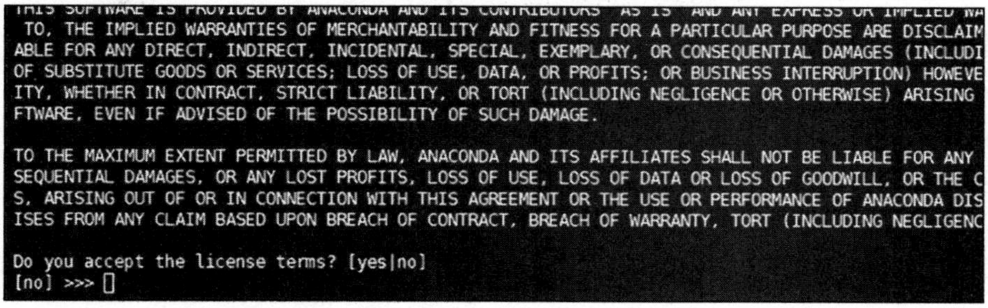

图 4-9　Anaconda 安装同意协议

第三处：确认 Anaconda 的根目录，通过回车键表示确认该目录或输入新的目录，见图 4-10。

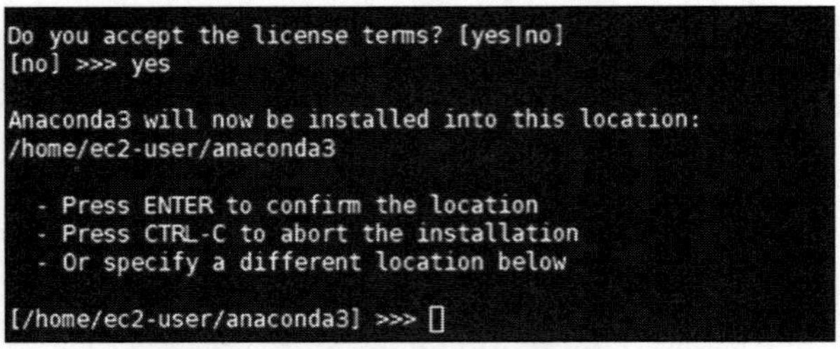

图 4-10　确认 Anaconda 的根目录

第四处：确认是否自动初始化 Conda，输入“yes”后按下回车键表示，见图 4-11。

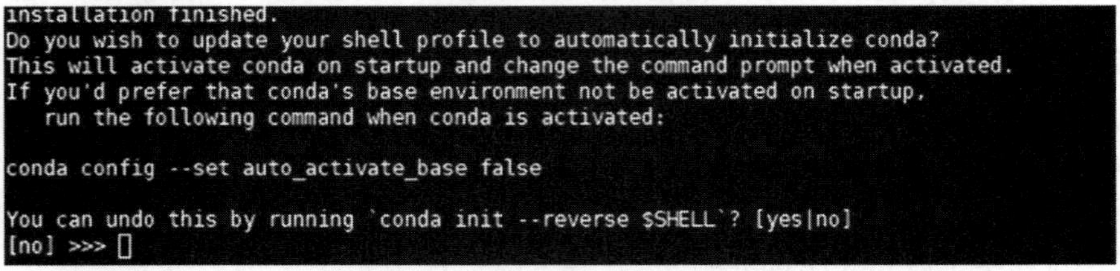

图 4-11　确认自动初始化 Conda

（3）环境变量生效

Anaconda 安装程序会将其用到的环境变量写入“~/.bashrc”。安装完成后，运行以下命令应用环境变量。

```
source ~/.bashrc
```

（4）验证安装

```
conda -V
# 此命令显示 Anaconda 的版本号
# 安装完后需要断开 SSH 重连，以使 Conda 初始化设置生效
```

4. 验证开发环境

推理卡驱动、CUDA 和 Anaconda 安装完成后，可以建一个 Python 虚拟环境，用于安装 PyTorch 并进行验证。如果验证结果正常，则大语言模型的开发环境就已具备。验证过程共分四步。

（1）创建 Python 虚拟环境

```
conda create -n test python=3.10 -y
conda activate test
```

（2）安装 PyTorch

```
pip install torch==2.0.1 -i https://pypi.mirrors.ustc.edu.cn/simple \
--trusted-host=pypi.mirrors.ustc.edu.cn
```

（3）验证 PyTorch

```
python -c "import torch; print(torch.cuda.is_available())"
```

如果执行结果为“True”，则说明验证成功，见图 4-12。

图 4-12　PyTorch 验证

（4）退出虚拟环境

```
conda deactivate
```

5. 解决 PyTorch 报错

如果 PyTorch 校验结果为“False”，则通常会同时跟随报错信息。常见的错误有“undefined symbol: __nvJitLinkAddData_12_1, version libnvJitLink.so.12”或“The NVIDIA driver on your system is too old”。

以下情况造成报错的可能性较大，需要注意。

- ❑ CUDA 版本低于 12.0。
- ❑ 处于 Windows 环境下。
- ❑ 安装时不指定 PyTorch 版本导致安装了最新版本。
- ❑ 未正确安装推理卡。
- ❑ 未安装推理卡驱动。

而在 Linux 环境、CUDA 版本为 12.0 及以上、指定 PyTorch 版本号的情况下，PyTorch 的安装过程往往会比较顺利。

遇到报错时，一般的处理方法是合理降低 PyTorch 版本。首先卸载已安装的版本，然后从 PyTorch 官网上查找旧版本的安装命令进行安装，安装后再进行验证。如果仍报错，则再重复这个过程，直到找到合适的版本。

> 注意　要用 pip 而非 conda 命令。旧版本链接为 https://pytorch.org/get-started/previous-versions/。

以安装 CUDA12.0 和 CUDA11.7 为例：

```
# 1. 卸载
pip uninstall torch -y
pip uninstall torchvision -y
```

```
# 2. 安装旧版本 PyTorch
#（1）CUDA 12.0
#   1）安装 2.1.2
pip install torch==2.1.2 torchvision==0.16.2 torchaudio==2.1.2 \
--index-url https://download.pytorch.org/whl/cu121
#   2）安装 2.1.0
pip install torch==2.1.0 torchvision==0.16.0 torchaudio==2.1.0 \
--index-url https://download.pytorch.org/whl/cu121
#（2）CUDA 11.7
pip install torch==2.0.1 torchvision==0.15.2 torchaudio==2.0.2 \
-i https://pypi.mirrors.ustc.edu.cn/simple \
--trusted-host=pypi.mirrors.ustc.edu.cn
# 3. 验证 PyTorch
python -c "import torch; print(torch.cuda.is_available())"
```

4.2.2 Windows

1. 安装推理卡驱动

按推理卡型号，从 NVIDIA 官网下载驱动程序进行安装。安装完成后，在命令行执行“nvidia-smi”命令，如图 4-13 所示。

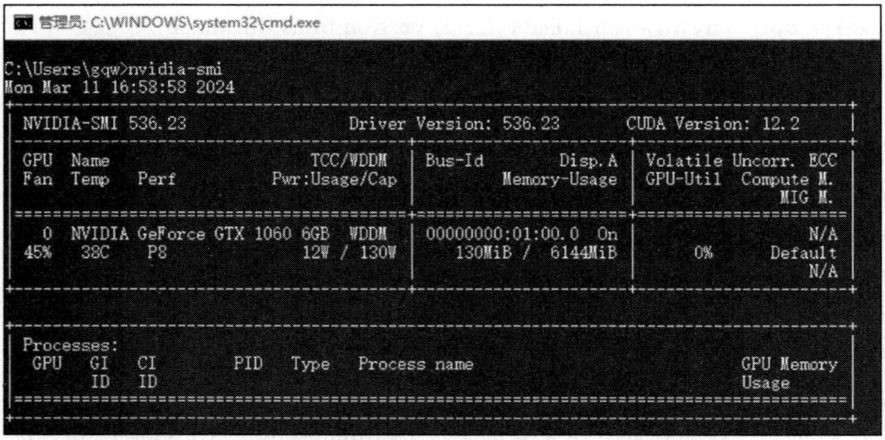

图 4-13 查看推理卡在 Windows 上的运行情况

其中推理卡的一些指标见表 4-2。

表 4-2 通过“nvidia-smi”命令显示的推理卡在 Windows 上的指标示例

指标项	指标值
驱动程序版本（Driver Version）	536.23
支持的 CUDA 版本（CUDA Version）	12.2
推理卡个数	1
推理卡名称	NVIDIA GeForce GTX 1060
GPU 内存	6GB

（续）

指标项	指标值
额定功率	130W
目前耗电量	12W
GPU 使用率	0
使用推理卡的进程	暂无

2. 安装 CUDA

从 https://developer.nvidia.com/cuda-toolkit-archive 中找到相应的 CUDA 版本，下载后进行安装。安装完成后，在命令行用“nvcc -V”命令测试是否安装成功。

3. 安装 Anaconda

从 https://www.anaconda.com/ 中下载并安装 Anaconda 的最新版本。安装完成后，将 Anaconda 安装目录和 Anaconda\Scripts 加入操作系统的环境变量 path 下，并使用以下命令进行验证。

```
conda --version
conda info --envs
```

4. 安装 wget

wget 是 Linux 自带的下载工具，而 Windows 系统未内置。为了方便在后续对 Linux 和 Windows 的下载过程进行统一描述，我们在 Windows 上也安装一个 wget 工具。这样遇到下载单个文件的场合，Linux 和 Windows 就都可以用“wget 文件链接”的方式来下载文件了。

从 https://eternallybored.org/misc/wget/ 中找到与操作系统对应的版本。例如，需要 1.21.4 版、适配 Windows X64 架构的 EXE 文件，则其链接为 https://eternallybored.org/misc/wget/1.21.4/64/wget.exe。将从该地址下载的 wget.exe 复制到 c:\windows\system32 下完成安装。

4.3 其他软件安装

4.3.1 Nginx

1. Ubuntu

以 Ubuntu22.04 为例，由于 apt 库里默认的 Nginx 为 1.18 版，而该版本的安全漏洞非常多，所以不能直接用“ sudo apt install”命令进行安装，而要通过以下步骤安装较新版本的 Nginx。

```
# 安装依赖
sudo apt install curl gnupg2 ca-certificates lsb-release ubuntu-keyring
# 导入官方 Nginx 签名密钥
curl https://nginx.org/keys/nginx_signing.key | gpg --dearmor \
```

```
    | sudo tee /usr/share/keyrings/nginx-archive-keyring.gpg >/dev/null
# 为稳定版 Nginx 软件包设置 apt 存储库
echo "deb [signed-by=/usr/share/keyrings/nginx-archive-keyring.gpg] \
http://nginx.org/packages/ubuntu 'lsb_release -cs' nginx" \
    | sudo tee /etc/apt/sources.list.d/nginx.list
# 更新
sudo apt update
# 安装指定版本（Ubuntu22.04）
sudo apt install nginx=1.24.0-1~jammy
# 注意，对于 Ubuntu20.04，则使用如下命令
sudo apt install nginx=1.24.0-1~focal
```

2. Redhat

在 Redhat 中使用如下命令安装 Nginx。

```
sudo yum install nginx
```

3. Windows

从 https://nginx.org/en/download.html 中下载安装包并解压即可。

4.3.2 Git

1. Linux Git

Linux 的大部分发行版都预装了 Git，如果当前系统中未安装，则可以用以下命令安装。

```
# Ubuntu
sudo apt update
sudo apt install git
# RHEL
sudo yum update
sudo yum install git
# 验证
git --version
# 此命令显示 Git 的版本号
```

2. Windows Git

从 https://git-scm.com/download/win 下载安装包并解压安装。

第5章 Chapter 5

大语言模型安装

ChatGPT之所以如此流行，一个原因是技术水平飞速发展，GPT-3.5拥有强大的自然语言处理能力，能够生成准确且流畅的文本回复；另一个原因是采用了Chat方式，让用户感觉在与一个真实的人进行交流，这种互动方式吸引了大量用户的关注和使用。此外，开放的API帮助开发者将这一先进技术集成到自己的应用中，从而推动了ChatGPT的广泛应用和普及。

随着ChatGPT的热潮席卷全球，开放的大语言模型如雨后春笋般迅速涌现，较少的参数量、不错的生成效果、算力要求不高等优势使得在本地部署大语言模型成为可能。一个70亿（7B）参数规模的大语言模型，可以装入16GB内存的GPU执行推理任务，基本可以应对日常的写作、编程等方面的需求。

本章选取了ChatGLM3-6B、Qwen-VL-Chat-Int4、LLama-2-7b-chat、Gemma-2B和Whisper-large-v3模型进行部署。这五个比较典型的大模型分别代表了国产文本类、国产图像类、开源标杆、最新模型和语音识别类。为了更加贴近生产实际，部署完成后验证的方式也分为两种，有的使用Python编程，有的使用开源UI工具。虽然五款模型都采用了Hugging Face格式和Transformer架构，其安装过程较为类似，但又有所区别，而大语言模型应用的实践性非常强，所以本章给出了详细的过程描述，力求使读者掌握各种常见模型的安装部署和简单推理应用的相关知识。

5.1 ChatGLM安装

5.1.1 ChatGLM3模型介绍

ChatGLM3是智谱AI和清华大学KEG实验室联合发布的对话预训练模型。ChatGLM3-6B是ChatGLM3系列中的开源模型，基础模型ChatGLM3-6B-Base采用了多样的训练数据、充分的训练步数和合理的训练策略，在语义、数学、推理、代码、知识等方面表现良好。ChatGLM3-6B 采用了全新设计的 Prompt 格式，除正常的多轮对话外，同时原生支持工具调用、代码执行和 Agent 任务等复杂场景。ChatGLM3-6B、ChatGLM3-6B-Base 和长文本对话模型 ChatGLM3-6B-32K 的参数权重已对学术研究领域完全开放，并允许用户在填写问卷登记后进行免费的商业应用。[⊖]

本节部署的模型是 ChatGLM3-6B。在笔者对众多同等规模模型的使用实践中，ChatGLM3-6B 的效果是最好的，开发活跃度也很高，该系列模型最近发布了新版本 GLM-4，发展非常快。

5.1.2 ChatGLM3-6B 安装

（1）下载源码

ChatGLM3 一直在发展中，为了保证本项目调试的版本稳定性，我们会选取一个提交点的版本进行描述。这样不管 ChatGLM3 的源码如何变更，这个提交点的版本下的源码是保持不变的。Git 代码库回退到某个提交点的命令是“git checkout commit_id”。

```
git clone https://github.com/THUDM/ChatGLM3
cd ChatGLM3
git checkout c814a72
```

这样就将已下载到本地的 ChatGLM3 的所有文件都还原到了 2024 年 3 月 8 日、commit id 为 c814a72 的版本。

（2）创建 Python 虚拟环境

```
# 建立 Python3.10 虚拟环境并激活
conda create -n ChatGLM3 python=3.10 -y
conda activate ChatGLM3
```

（3）安装依赖库

Python 的第三方库使用 pip 工具安装。由于库与库之间的版本有相互依赖关系，规范的做法是将项目所用到的所有第三方库的名字、版本号写入一个名为 requirements.txt 的文本文件，格式如下。

```
protobuf>=4.25.3
transformers>=4.38.1
tokenizers>=0.15.0
......
```

安装库时，通过“ pip install -r requirements.txt”命令进行批量安装，这里的“ -r”是 recursion（递归）的意思。

通过 pip 从 Python 编程语言的官方软件仓库 https://pypi.org/ 获取库文件，下载速度比较慢，可以采用阿里云、清华大学、中科大研究的镜像加速技术。将镜像路径以“-i”参数

⊖ https://github.com/THUDM/ChatGLM3。

进行指定，再加到 pip 命令的尾部。为了确认安全性，还需要增加一个“--trusted-host”参数指向镜像所在的网站域名。本例中，使用中科大发布的 pypi 镜像安装依赖库，命令如下。

```
pip install -r requirements.txt  \
-i https://pypi.mirrors.ustc.edu.cn/simple \
--trusted-host=pypi.mirrors.ustc.edu.cn
```

需要注意的是，这个命令是针对 Linux 的。如果在 Windows 上执行，则要去掉反斜杠“\”和换行符后将代码保持在一行上才能正常运行。

（4）校验 PyTorch

PyTorch 是大语言模型最重要的库之一，对上为 Transformers 库提供计算功能，对下连接 CUDA，因为 PyTorch 安装时与 CUDA 的版本关系密切。并且，在 requirements.txt 中往往只指定了最低版本要求，如“torch>=2.1.0”，导致 pip 执行时可能会安装 PyTorch 的最新版本。这样在安装过程中表现是正常的，但运行时会报错，因为 PyTorch 使用中出错的可能性比其他组件大得多。

在 ChatGLM3 的 Conda 虚拟环境中，运行以下命令进行校验。

```
python -c "import torch; print(torch.cuda.is_available())"
```

如果返回“True”则说明校验通过，如果返回“False”或报错，则可参见前面讲述的方法，适当降低 PyTorch 的版本。

（5）下载模型

huggingface.co 是大语言模型的托管网站，从中下载模型时可以使用国内的镜像加速。主要的镜像包括阿里的魔搭社区（https://modelscope.cn）和笔者开发的异型岛（https://aliendao.cn)，本书示例的模型都是从异型岛网站下载的。

首先从 aliendao.cn 的首页下载 model_download.py。对此，在 Linux 上用 wget 命令，在 Windows 上通过浏览器下载。然后用此脚本下载指定 model_id 的模型。

```
# 模型脚本从 aliendao.cn 首页下载
# 链接为 https://aliendao.cn/model_download.py
# Linux 下使用 wget 命令下载，Windows 下直接在浏览器打开链接下载
wget https://aliendao.cn/model_download.py
# 从 aliendao.cn 下载 chatglm3-6b 模型文件
python model_download.py --e --repo_id THUDM/chatglm3-6b \
--token YPY8KHDQ2NAHQ2SG
# 下载后的文件在 ./dataroot/models/THUDM/chatglm3-6b 目录下
```

5.1.3 编程验证

为了了解 Transformers 库调用大模型的工作过程，我们编写一个 Python 程序，即 chatglm3-inference.py。该程序实现的功能为：用户输入问题，模型给出回答，按下回车键退出。文件内容如下。

```
from transformers import AutoTokenizer, AutoModel

model_path = "./dataroot/models/THUDM/chatglm3-6b"
# 装载 tokenizer
tokenizer = AutoTokenizer.from_pretrained(
    model_path, trust_remote_code=True)
# 装载 model
model = AutoModel.from_pretrained(
    model_path, trust_remote_code=True)
# 将模型载入 GPU
model = model.to("cuda")
# 将模型设置成评估模式
model = model.eval()
# 推理
while True:
    prompt = input(" 请输入问题，回车退出 :")
    if prompt == "":
        break
    response, history = model.chat(tokenizer, prompt, history=[])
    print(response)
```

运行“python chatglm3-inference.py”命令，测试模型的推理效果，见图 5-1。图上加框标注的部分是用“watch -n 1 -d nvidia-smi”命令监控的 GPU 内存使用率指标。

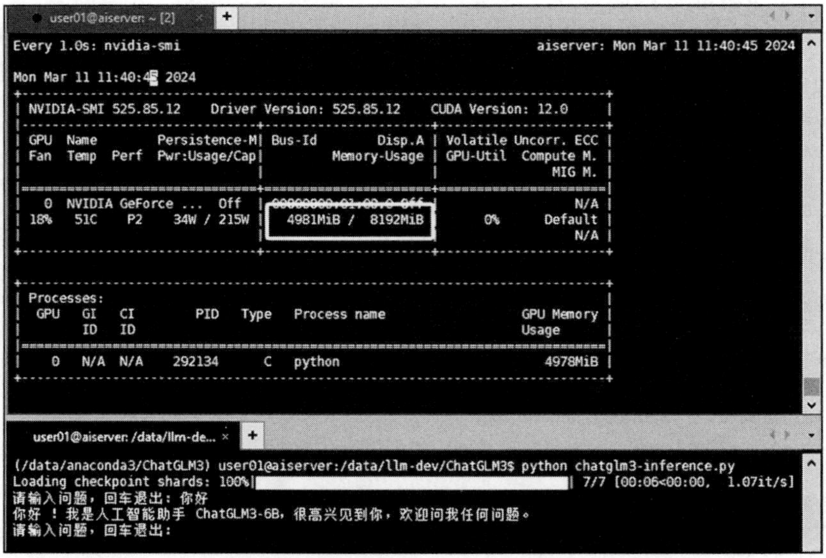

图 5-1　ChatGLM3-6B 推理效果

按照程序中的写法，对推理卡的最低内存要求是 16GB，因为将模型完整载入 GPU，需要 13GB 左右的 GPU 内存，如果内存不够，则会出现 OOM（Out Of Memory，内存溢出）错误，显示的错误如下。

```
torch.cuda.OutOfMemoryError: CUDA out of memory.
```

如果推理卡的内存小于 16GB，则模型可以改为量化模式载入，甚至在没有 GPU 的情况下可用 CPU 运行（当然速度非常慢）。图 5-1 显示推理卡只有 8GB 内存，所以采用了 4bit 量化装载的方法，只占用了不到 5GB 的内存，具体操作是修改以下代码。

```
model = model.to("cuda")
```

修改情况见表 5-1。

表 5-1 ChatGLM3-6B 量化装载参数

装载代码	模式	GPU 内存占用
model = model.quantize(4).to("cuda")	4bit 量化	5GB
model = model.quantize(8).to("cuda")	8bit 量化	9GB

5.2 Qwen-VL 安装

5.2.1 Qwen 模型介绍

通义千问（Qwen）是阿里云推出的大模型，当前基础模型已经稳定训练了大规模、高质量且多样化的数据，覆盖多种语言（当前以中文和英文为主），拥有高达 3 万亿个 token，并且利用 SFT 和 RLHF 技术实现对齐，从基础模型训练得到了对话模型 Qwen-Chat。该对话模型具备聊天、文字创作、摘要总结、信息抽取、翻译等能力，同时具备一定的代码生成和简单数学推理的能力。在此基础上，对大模型对接外部系统等方面的功能做了优化，所以该模型当前具备较强的工具调用能力，还能提供最近备受关注的代码解释器（Code Interpreter）和智能代理（Agent）功能。[㊀]

除了基础模型 Qwen 和微调后的文本类模型 Qwen-Chat 外，通义千问还有大规模音频语言模型 Qwen-Audio 和大规模视觉语言模型 Qwen-VL。Qwen 涉及领域较多，在量化运行方面支持 llama.cpp，是国产大模型领域中产品和生态链比较齐全的模型。本节介绍部署 Qwen-VL 的详细过程，实现图生文的效果。

5.2.2 Qwen-VL-Chat-Int4 安装

Qwen-VL 是一种视觉语言模型，相较文本类模型，视觉模型占用的算力资源更高，即使对 Qwen-VL-Chat 模型降低精度进行 4bit 量化装载，也需要 12GB 左右的 GPU 内存来运行。Qwen-VL-Chat-Int4 运行时会用到 AutoGPTQ 库[㊁]，由于 AutoGPTQ 需要编译安装，所以建议在 Linux 下实践。

㊀ https://github.com/QwenLM/Qwen。

㊁ 一个基于 GPTQ 算法的大语言模型量化工具库。

（1）建立 Python3.10 虚拟环境并激活

```
conda create -n Qwen-VL-Chat python=3.10 -y
conda activate Qwen-VL-Chat
```

（2）建立测试目录

```
mkdir Qwen-VL-Chat-Int4
cd Qwen-VL-Chat-Int4
```

（3）下载模型

```
# 安装下载脚本 model_download.py 的依赖库
pip install transformers==4.32.0 \
-i https://pypi.mirrors.ustc.edu.cn/simple \
--trusted-host=pypi.mirrors.ustc.edu.cn
# 下载模型
wget https://aliendao.cn/model_download.py
python model_download.py --e --repo_id Qwen/Qwen-VL-Chat-Int4 \
 --token YPY8KHDQ2NAHQ2SG
# 下载后的文件在 ./dataroot/models/TQwen/Qwen-VL-Chat-Int4 目录下
```

（4）安装基本依赖库

```
pip install -r ./dataroot/models/Qwen/Qwen-VL-Chat-Int4/requirements.txt  \
-i https://pypi.mirrors.ustc.edu.cn/simple \
--trusted-host=pypi.mirrors.ustc.edu.cn
```

（5）安装其他依赖库

```
pip install optimum gekko \
-i https://pypi.mirrors.ustc.edu.cn/simple \
--trusted-host=pypi.mirrors.ustc.edu.cn
```

（6）验证 PyTorch

```
python -c "import torch; print(torch.cuda.is_available())"
```

如果返回“True”则说明校验通过；如果返回“False”或报错，则可参见前面讲述的方法来解决。

（7）安装 AutoGPTQ 库

```
git clone https://github.com/JustinLin610/AutoGPTQ.git
cd AutoGPTQ
pip install -v . \
-i https://pypi.mirrors.ustc.edu.cn/simple \
--trusted-host=pypi.mirrors.ustc.edu.cn
# 安装完成后回退到 Qwen-VL-Chat-Int4 目录
cd ..
```

5.2.3 编程验证

编写 Python 程序 qwen-vl-inference.py。该程序可以实现用户向模型输入一张图片，模型给出对该图片的描述。该程序的内容如下。

```
from transformers import AutoModelForCausalLM, AutoTokenizer
import torch

# 检验是否支持 GPU
print(torch.__version__)
print(torch.cuda.is_available())
# 设置生成随机种子初始化网络
torch.manual_seed(1234)
# 模型路径
model_path = "./dataroot/models/Qwen/Qwen-VL-Chat-Int4/"
# 装载 tokenizer
tokenizer = AutoTokenizer.from_pretrained(model_path, \
trust_remote_code=True)
# 装载模型并设置评估模式
model = AutoModelForCausalLM.from_pretrained(
    model_path, device_map="cuda", trust_remote_code=True).eval()
# 输入图片与进行文本预处理
query = tokenizer.from_list_format([
    {'image': 'https://pic4.zhimg.com/80/v2-4e6e736dbfa729e7c61719fb3ee87047_72
        0w.webp'},
    {'text': '这是什么'},
])
# 推理
response, history = model.chat(tokenizer, query=query, history=None)
print(response)
```

输入的原图如图 5-2 所示。

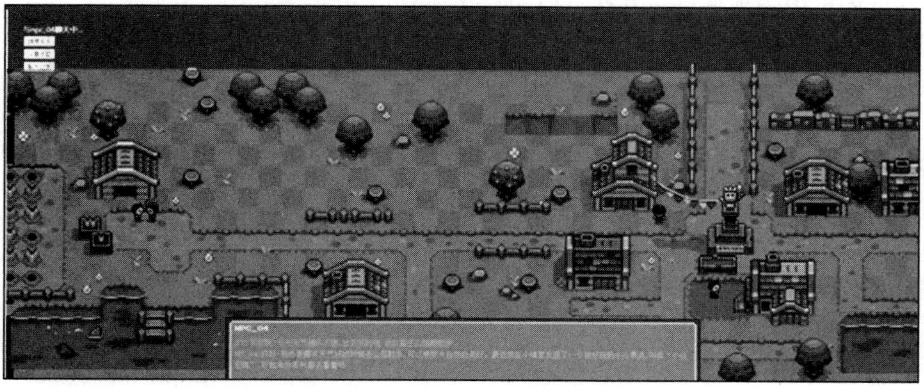

图 5-2 Qwen-VL-Chat-Int4 推理测试原图

运行“python qwen-vl-inference.py”命令测试模型的推理效果，见图 5-3。

```
(Qwen-VL-Chat) user01@user01-Z10PE-D8-WS:/nova_compute_data/Qwen-VL-Chat-Int4$ python qwen-vl-inference
.py
2.0.1+cu117
True
Your device does NOT support faster inference with fp16, please switch to fp32 which is likely to be fa
ster
Loading checkpoint shards: 100%|██████████████████████████████| 5/5 [00:17<00:00,  3.52s/it]
图是游戏《MFC-01》的场景，游戏背景是一个小村庄，场景中有一个蓝色的房子，旁边有一个红色的房子，房子旁边
有一棵树，树旁边有一个蓝色的机器人的房子，房子右边有一条路，路的尽头是森林。
(Qwen-VL-Chat) user01@user01-Z10PE-D8-WS:/nova_compute_data/Qwen-VL-Chat-Int4$ 
```

图 5-3　Qwen-VL-Chat-Int4 推理效果

5.3　LLaMA2 安装

5.3.1　LLaMA2 模型介绍

LLaMA 是在 ChatGPT 迅速流行后，由 Meta 发布的开源大语言模型，基于 Transformer 架构实现。ChatGPT 后台的模型 GPT-3.5 是闭源的，当时与之能力相当的大语言模型少之又少，而 Meta AI 开启了大语言模型开源的先河。Meta AI 公布了模型权重和训练方法，提供了免费的许可证，允许个人和组织在商业项目中免费使用或修改 LLaMA 模型。这一举措为大模型的创新和发展提供了更大的空间，使更多人能够利用先进的自然语言处理技术，促进形成了以 LLaMA 为基础的生态，使 LLaMA 成了很多模型项目的首选。

2023 年 7 月，性能更强的 Meta LLaMA2 发布，它采用了分组的查询注意力机制，提供了 70 亿、130 亿和 700 亿参数规模的基础模型，能够在各种自然语言处理任务上取得令人印象深刻的成绩。首先，对于文本生成、情感分析、语义理解和机器翻译方面的任务，LLaMA2 都能够胜任，并且在许多基准测试中表现良好。其次，LLaMA2 还具有较强的灵活性和可定制性，用户可以根据特定的需求和应用场景对模型进行微调及定制，从而获得比较好的效果。这些优势使得 LLaMA2 成为各行业和各领域应用的理想选择，适用于学术研究、商业应用或者个人项目。

语言	占比	语言	占比
en	89.70%	uk	0.07%
未知	8.38%	ko	0.06%
de	0.17%	ca	0.04%
fr	0.16%	sr	0.04%
sv	0.15%	id	0.03%
zh	0.13%	cs	0.03%
es	0.13%	fi	0.03%
ru	0.13%	hu	0.03%
nl	0.12%	no	0.03%
it	0.11%	ro	0.03%
ja	0.10%	bg	0.02%
pl	0.09%	da	0.02%
pt	0.09%	sl	0.01%
vi	0.08%	hr	0.01%

图 5-4　LLaMA2 训练语料中各种语言占比

注：本图来自 LLaMA2 的论文，其中“zh”表示“中文”。

美中不足的是，由于 LLaMA2 训练语料中仅有 0.13% 的中文语料[⊖]（各种语言占比详细情况见图 5-4），所以其基础模型的中文表现较差，需要经过二次训练才能取得较好的中文输出效果。但从技术方面来讲，LLaMA2 的架构非常值得研究。

⊖ 数据来自 https://arxiv.org/pdf/2307.09288.pdf。

有别于通过编程验证模型安装的方法，接下来实践一种新的方法，采用一种名为text-generation-webui[⊖]的大模型Web操作工具来装载模型，进行推理测试，验证安装成果。text-generation-webui是基于Gradio开发的用于大语言模型的WebUI工具，能实现模型的多种方式装载、多种方式交互和微调，支持LLaMA、ChatGLM等大模型。

5.3.2 Llama-2-7b-chat安装

（1）text-generation-webui安装

```
git clone https://github.com/oobabooga/text-generation-webui
cd text-generation-webui
git checkout 1934cb6
# 创建Python3.10虚拟环境
conda create -n text-generation-webui python=3.10 -y
# 编辑requirements.txt，只保留tiktoken及其以前的库
# 因为后面的库本例用不到，全部安装会比较耗时
# 安装依赖库
conda activate text-generation-webui
pip install -r requirements.txt \
-i https://pypi.mirrors.ustc.edu.cn/simple \
--trusted-host=pypi.mirrors.ustc.edu.cn
# 校验PyTorch
python -c "import torch; print(torch.cuda.is_available())"
```

（2）下载模型

```
# 从aliendao.cn下载Llama-2-7b-chat-hf 模型文件
wget https://aliendao.cn/model_download.py
python model_download.py --e --repo_id NousResearch/Llama-2-7b-chat-hf \
--token YPY8KHDQ2NAHQ2SG
# 下载后的文件在./dataroot/models/NousResearch/Llama-2-7b-chat-hf目录下
```

（3）部署模型

```
# 需要将text-generation-webui装载的模型连同文件夹一起复制到./models目录下
# 模型文件所在的目录（如Llama-2-7b-chat-hf）会显示在WebUI中供用户选择
mkdir ./models/Llama-2-7b-chat-hf
mv ./dataroot/models/NousResearch/Llama-2-7b-chat-hf/* \
./models/Llama-2-7b-chat-hf/
```

5.3.3 运行验证

运行以下命令，启动text-generation-webui服务。

```
python server.py --listen-host 0.0.0.0 --listen
```

Llama-2-7b-chat-hf模型需要约13GB的GPU内存来进行装载，如果GPU内存不够，

⊖ https://github.com/oobabooga/text-generation-webui。

则可在命令后面跟“--load-in-4bit”参数进行量化装载，这样大约需要不到5GB的GPU内存就可运行。如果推理卡支持，也可以用“--load-in-8bit”参数，这样约占用9GB的GPU内存。

注意：并非所有支持4bit的推理卡都支持8bit。

运行结果如图5-5所示。

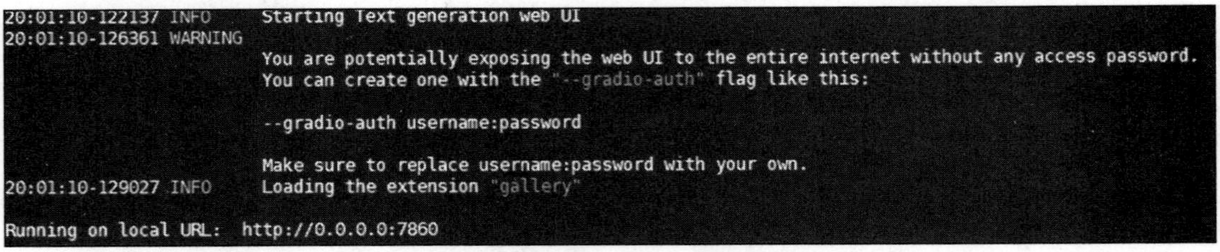

图5-5 text-generation-webui运行情况

在浏览器中打开http://server-llm-dev:7080，然后进入Model选项卡，从Model列表中选择Llama-2-7b-chat-hf，再单击“Load”按钮。若提示“Successfully loaded Llama-2-7b-chat-hf”，则表示装载完成，见图5-6。

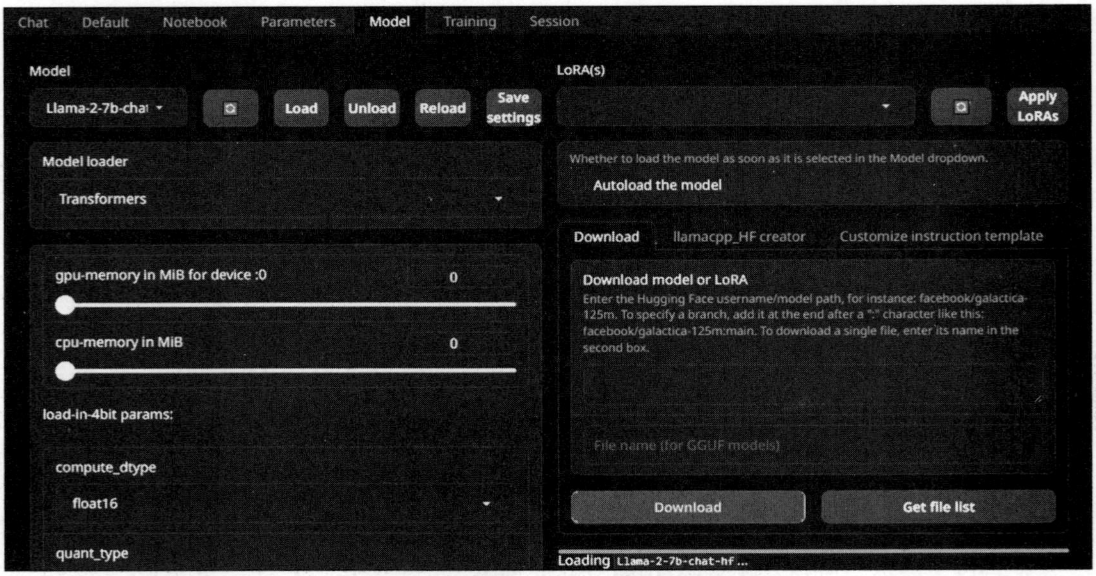

图5-6 text-generation-webui装载模型

然后在Chat选项卡中进行提问，结果如图5-7所示。可知LLaMA2可以理解中文问题，但其回答是中英文混杂的，效果一般。

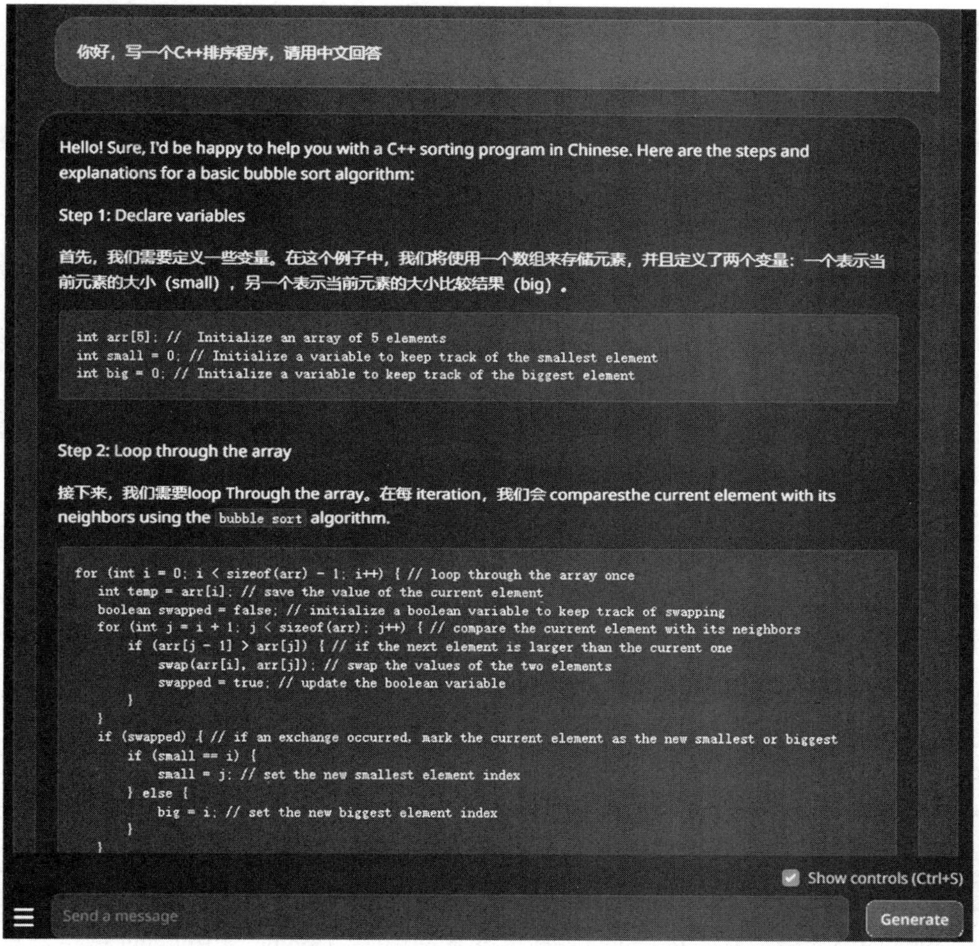

图 5-7 Llama-2-7b-chat-hf 推理情况

为了实现对中文的更好支持，可以尝试使用一些 LLaMA2 的中文语料微调版本，如 LinkSoul/Chinese-Llama-2-7b。将其按下述方法下载、部署、装载后进行测试，发现其中文效果明显好于原始模型。操作方法简述如下。

```
# 下载 LinkSoul/Chinese-Llama-2-7b 模型
python model_download.py --e --repo_id LinkSoul/Chinese-Llama-2-7b \
--token YPY8KHDQ2NAHQ2SG
# 部署模型
mkdir ./models/Chinese-Llama-2-7b
mv ./dataroot/models/LinkSoul/Chinese-Llama-2-7b/*  \
./models/Chinese-Llama-2-7b/
# 启动服务后装载模型并测试
python server.py --listen-host 0.0.0.0 --listen
```

5.4 Gemma 安装

5.4.1 Gemma 模型介绍

Gemma 是一系列轻量级的开放大语言模型，由 Google 的团队开发，采用了与 Gemini 模型（由 Google 推出的对标 GPT-4 的大模型）相同的研究和技术基础。Gemma 系列模型是从文本到文本的、基于 Decoder-only 架构的大语言模型，提供英语版本，具有开放式权重、预训练变体和指令调优变体。[⊖]除了发布模型权重之外，Google 还提供了模型相关的推理、量化和微调的工具，通过 Hugging Face 面向更广泛的开源社区开放。目前 Gemma 提供了针对 20 亿（2B）和 70 亿（7B）参数规模的预训练版本，同时提供了经过指令调优的版本。

为了确保 Gemma 的预训练模型安全可靠，Google 使用自动化技术在训练阶段集中过滤掉了特定的个人信息和其他敏感数据，进行了广泛的微调和来自人类反馈的强化学习，以使微调模型与人类行为对齐。并且，为了减少 Gemma 模型的风险，Google 进行了全面的评估，包括手动红队测试、自动对抗测试以及对模型进行危险活动评估。

如表 5-2 所示，Gemma 目前提供了 2B 和 7B 两种规模的版本，每种又分别包含了预训练基础版本和经过指令优化的版本。Gemma 的所有版本均可在各类消费级硬件或推理卡上运行，如使用 RTX4090、RTX3090、P100、T4 等，也可在不对模型进行量化处理的情况下正常装载运行，并且拥有高达 8000 个 token 的处理能力。

表 5-2 Gemma 模型版本

模型名称	版本说明
Gemma-7B	70 亿 参数的基础模型
Gemma-7B-it	70 亿参数的指令优化模型
Gemma-2B	20 亿参数的基础模型
Gemma-2B-it	20 亿参数的指令优化模型

Gemma 的原始模型首先在 kaggle.com 上发布。并且，Google 与 Hugging Face 合作，将模型集成到了 Hugging Face 的生态系统中，使原始模型被转化成 hf 格式供开发者免费下载。Gemma 的 hf 格式模型可以通过 Hugging Face 的 Transformers 库装载运行，这与其他模型（如 LLaMA2 等）在使用方面没有太大区别。对于模型的推理过程，可以使用 Transformers 库的 AutoModelForCausalLM.from_pretrained 方法装载模型，再用 model.generate 方法进行模型推理。装载模型时，用 load_in_8bit 和 load_in_4bit 量化模式会非常顺利，占用资源也比较少。

在提示词方面，Gemma 的基础版本模型没有特殊要求，但指令优化版本（以“-it”结尾）的模型进行推理时，需要提示词遵循以下格式。

```
<start_of_turn>user
问题 <end_of_turn>
<start_of_turn>model
模型回答 <end_of_turn>
```

⊖ https://github.com/google/gemma_pytorch。

```
<start_of_turn>user
问题 <end_of_turn>
<start_of_turn>model
模型回答 <end_of_turn>
```

上述要求只是基于原始模型的。如果采用 hf 格式模型的话，那么 Transformers 库会将“-it”和“非 -it”的模型推理提示词都封装成一样的格式。

实际测试显示，Gemma 对中文的支持情况并不尽如人意，但从开发、训练的角度来看，Gemma 作为一种除 LLaMA2 以外的可用的基础模型和技术体系，也是值得学习的。

5.4.2 Gemma-2B 安装

（1）建立 Python3.10 虚拟环境并激活

```
conda create -n gemma python=3.10 -y
conda activate gemma
```

（2）建立测试目录

```
mkdir gemma-2b
cd gemma-2b
```

（3）建立依赖库文件

建立 requirements.txt 文件，内容如下。

```
torch==2.0.1
transformers==4.38.1
accelerate==0.27.2
bitsandbytes==0.42.0
trl==0.7.11
peft==0.8.2
```

（4）安装依赖库

```
pip install -r requirements.txt \
-i https://pypi.mirrors.ustc.edu.cn/simple \
--trusted-host=pypi.mirrors.ustc.edu.cn
```

（5）下载模型

```
# 从 aliendao.cn 下载 gemma-2b 模型文件
wget https://aliendao.cn/model_download.py
python model_download.py --e --repo_id alpindale/gemma-2b \
--token YPY8KHDQ2NAHQ2SG
# 下载后的文件在 ./dataroot/models/alpindale/gemma-2b 目录下
```

5.4.3 编程验证

编写 Python 程序 gemma-inference.py，该程序能实现：用户输入问题，模型给出回答，按下回车键退出。文件内容如下。

```
import torch
import argparse
from transformers import AutoTokenizer, AutoModelForCausalLM, \
BitsAndBytesConfig

def generate(load_in_8bit, load_in_4bit):
    model_path = "./dataroot/models/alpindale/gemma-2b"
    quantization_config = None
    if load_in_8bit:
        quantization_config = BitsAndBytesConfig(load_in_8bit=True)
    if load_in_4bit:
        quantization_config = BitsAndBytesConfig(load_in_4bit=True)

    tokenizer = AutoTokenizer.from_pretrained(model_path)
    if quantization_config is None:
        model = AutoModelForCausalLM.from_pretrained(
            model_path, device_map="auto")
    else:
        model = AutoModelForCausalLM.from_pretrained(
            model_path, quantization_config=quantization_config)
    while True:
        prompt = input("请输入您的问题：")
        if prompt == "":
            break
        input_ids = tokenizer(prompt, return_tensors="pt").to("cuda")
        outputs = model.generate(**input_ids)
        print(tokenizer.decode(outputs[0]))

if __name__ == "__main__":
    print("torch cuda:", torch.cuda.is_available())
    parser = argparse.ArgumentParser()
    parser.add_argument('--load_in_8bit', default=False,
                        action='store_true', required=False)
    parser.add_argument('--load_in_4bit', default=False,
                        action='store_true', required=False)
    args = parser.parse_args()
    generate(args.load_in_8bit, args.load_in_4bit)
```

运行 python gemma-inference.py 进行测试。可以用全精度、4bit 量化和 8bit 量化三种模式装载运行该模型。

```
# 全精度
python gemma-inference.py
# 8bit 量化
python gemma-inference.py --load_in_8bit
# 4bit 量化
python gemma-inference.py --load_in_4bit
```

模型推理效果见图 5-8。

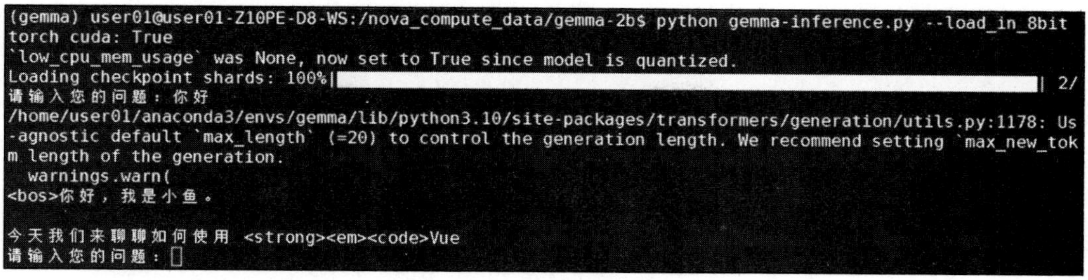

图 5-8　Gemma-2B 推理效果

5.5 Whisper 安装

5.5.1 Whisper-large-v3 介绍

Whisper 是 OpenAI 开发的一种用于自动语音识别（ASR）和语音翻译的预训练模型，于 2022 年 12 月发布，该研究成果的论文为“Robust Speech Recognition via Large-Scale Weak Supervision”[1]。模型除了具有语音识别能力，还具备语音活性检测（VAD）、声纹识别、语音翻译（将其他语种的语音翻译为英语）等能力。

Whisper 是一种基于 Transformer 的编码器 – 解码器模型，也称为序列到序列模型。它使用了 100 万 h 的弱标记音频和 400 万 h 的伪标记音频进行训练，这些音频是使用 Whisper large-v2 收集的。Whisper 系列模型中有的采用纯英语数据进行训练，有的采用多语言数据进行训练。纯英语模型主要接受语音识别任务的训练，而多语言模型在语音识别和语音翻译方面进行了训练。对于语音识别，模型能预测与音频相同语言的转录内容；对于语音翻译，模型能预测与音频不同语言的转录内容。Whisper 检查点有五种不同规模的配置，较小规模的四种是在英语、多语言数据上训练的，大规模的检查点（large、large-v2 和 large-v3）只在多语言数据上训练。[2]详细情况见表 5-3。

表 5-3　Whisper 模型参数与语言训练情况

型号	参数量	纯英语	多语言
tiny	3900 万	√	√
base	7400 万	√	√
small	2.44 亿	√	√
medium	7.69 亿	√	√
large	15.5 亿	×	√
large-v2	15.5 亿	×	√
large-v3	15.5 亿	×	√

Whisper-large-v3 是 Whisper 的大规模版本，包含 15.5 亿个参数，具有很强的中文语音识别能力，也能很好地支持粤语。Whisper-large-v3 模型文件共 23GB 左右，但对 GPU 的要求并不高，装载模型大约需要 4GB 的 GPU 内存。

5.5.2 Whisper-large-v3 安装

（1）创建虚拟环境

```
conda create -n Whisper-large-v3 python=3.10 -y
conda activate Whisper-large-v3
```

[1] https://arxiv.org/abs/2212.04356。

[2] https://huggingface.co/openai/whisper-large-v3。

```
mkdir Whisper-large-v3
cd Whisper-large-v3
```

（2）建立依赖库文件

建立 requirements_whisper.txt 文件，内容如下。

```
torch==2.0.1
transformers==4.38.1
accelerate==0.28.0
pydub==0.25.1
```

（3）安装依赖库

```
pip install -r requirements_whisper.txt \
-i https://pypi.mirrors.ustc.edu.cn/simple \
--trusted-host=pypi.mirrors.ustc.edu.cn
# 校验 PyTorch
python -c "import torch; print(torch.cuda.is_available())"
```

（4）下载模型

```
# 从 aliendao.cn 下载 Whisper-large-v3 模型文件
wget https://aliendao.cn/model_download.py
python model_download.py --e --repo_id openai/whisper-large-v3 \
--token YPY8KHDQ2NAHQ2SG
# 下载后的文件在 ./dataroot/models/openai/whisper-large-v3 目录下
```

5.5.3 编程验证

编写 Python 程序 whisper-audio.py，以将 Windows 录音程序录制的 test.m4a 音频识别成中文文本。Whisper 支持 .wav、.mp3 和 .flac 等格式的文件，不支持 .m4a 格式，所以要先使用 pydub 库[㊀]将 test.m4a 转成 .mp3 格式，再调用模型进行识别。pydub 依赖的 FFmpeg[㊁]需要预先安装。FFmpeg 的安装方法如下。

```
# Ubuntu
sudo apt install ffmpeg
# Redhat
sudo yum install ffmpeg ffmpeg-devel
# Windows，下载后解压将 ffmpeg.exe 放到 whisper-audio.py 同级目录下
https://www.gyan.dev/ffmpeg/builds/
```

whisper-audio.py 的源码如下。

```
import torch
from transformers import AutoModelForSpeechSeq2Seq, \
    AutoProcessor, pipeline
```

㊀ 一个语音格式转换程序库，https://github.com/jiaaro/pydub。

㊁ 一个完整的跨平台解决方案，用于录制、转换和流式传输音频和视频，https://ffmpeg.org/。

```
from pydub import AudioSegment

device = "cuda:0" if torch.cuda.is_available() else "cpu"
torch_dtype = torch.float16 \
    if torch.cuda.is_available() else torch.float32
model_id = "./dataroot/models/openai/whisper-large-v3"

def trans_m4a_to_mp3(m4a_file, mp3_file):
    song = AudioSegment.from_file(m4a_file)
    song.export(mp3_file, format='mp3')

if __name__ == "__main__":
    model = AutoModelForSpeechSeq2Seq.from_pretrained(
        model_id, torch_dtype=torch_dtype,
        low_cpu_mem_usage=True, use_safetensors=True
    )
    model.to(device)

    processor = AutoProcessor.from_pretrained(model_id)

    pipe = pipeline(
        "automatic-speech-recognition",
        model=model,
        tokenizer=processor.tokenizer,
        feature_extractor=processor.feature_extractor,
        max_new_tokens=128,
        chunk_length_s=30,
        batch_size=16,
        return_timestamps=True,
        torch_dtype=torch_dtype,
        device=device,
    )
    trans_m4a_to_mp3("test.m4a", "test.mp3")
    result = pipe("test.mp3")
    print(result["text"])
```

运行“python whisper-audio.py”命令进行测试，结果见图 5-9。

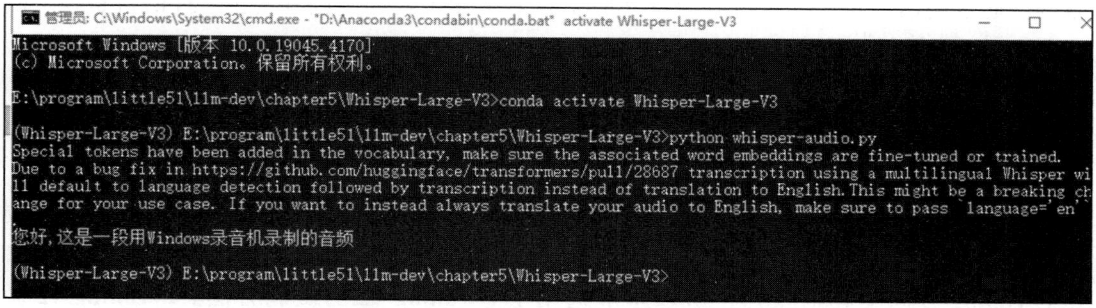

图 5-9 Whisper 测试结果

Chapter 6 第 6 章

大语言模型微调

大语言模型由大规模的参数（主要是权重）组成，如 ChatGLM3-6B 包含 60 亿个参数，GPT-3.5 有超过 1750 亿个参数。这些参数用于表示模型学习到的语言知识和语言使用规律。在深度学习中，权重参数通常是模型中可调整的变量，其值能通过训练过程进行学习和优化。大语言模型的参数数量通常与模型的规模和复杂度相关，更多的参数意味着模型可以学习到更多、更复杂的语言特征和模式。

微调是指调整大语言模型的参数以适应特定任务的过程，这是通过在与任务相关的数据集上训练模型来完成的。其基本原理是引入新的语料，将预训练模型中的权重进行调整，具体来说，就是大语言模型由于其通用性而在一些专业领域表现不佳，通过引入新的语料数据进行二次训练，对某些层的参数进行微小的调整，以达到在这个专业领域进行更为顺畅的推理、知识更新的目的。

本章的目标是对 ChatGLM3-6B、Llama-2-7b-chat-hf 和 Gemma-2B 三个基础模型进行微调。通过阅读本章，读者可以通过 P-Tuning 和 LoRA 两种微调方法，掌握语料整理、微调操作以及微调模型应用的过程。

6.1 ChatGLM 微调

一般来说，在少于 128GB（4 × 32GB）内存的较低算力推理卡环境中，进行全量微调比较困难，而可选的微调方式有 P-Tuning 和 LoRA。本节微调的模型为 ChatGLM3-6B，在 P-Tuning 方向上相对成熟，所以本节选用了 P-Tuning v2 的微调方法。P-Tuning v2 微调会用到DeepSpeed[1]，而DeepSpeed在Windows上安装时更容易遇到问题，所以建议在Linux上进行安装。另外，DeepSpeed对CUDA和PyTorch的版本一致性的要求很高，安装PyTorch时要注意它与CUDA版本相互兼容。

6.1.1　微调方法介绍

P-Tuning v2的基本原理是在预训练模型的基础上，通过添加少量的可训练参数，对模型的输出进行微调。这种方法在保持预训练模型性能的同时，提高了模型的泛化能力。P-Tuning v2的优化策略主要包括两个方面：一是采用前缀提示策略，将提示信息添加到模型的每一层中，以提高模型的输出准确性；二是采用自适应优化策略，根据模型在训练过程中的表现，动态调整微调参数的权重，以提高模型的收敛速度和性能。[2]

6.1.2　微调环境准备

ChatGLM3-6B微调的相关脚本、依赖库说明文件在https://github.com/THUDM/ChatGLM3的finetune_demo目录下。

```
# 下载源码
git clone https://github.com/THUDM/ChatGLM3
cd ChatGLM3
git checkout c814a72
# 建立Python3.10虚拟环境
conda create -n ChatGLM3 python=3.10 -y
conda activate ChatGLM3
# 在ChatGLM3虚拟环境下安装依赖
# 安装模型运行环境
pip install -r requirements.txt \
-i https://pypi.mirrors.ustc.edu.cn/simple \
--trusted-host=pypi.mirrors.ustc.edu.cn
# 安装微调运行环境
# 修改依赖库（单机单卡P-Tuning v2微调不依赖mpi4py）
vi finetune_demo/requirements.txt
# 注释掉mpi4py，增加一行nltk命令和一行typer命令
#mpi4py>=3.1.5
nltk==3.8.1
typer==0.12.2
# 安装微调依赖库
pip install -r finetune_demo/requirements.txt \
-i https://pypi.mirrors.ustc.edu.cn/simple \
--trusted-host=pypi.mirrors.ustc.edu.cn
# 校验PyTorch环境
python -c "import torch; print(torch.cuda.is_available())"
```

[1] https://github.com/microsoft/DeepSpeed。

[2] https://xie.infoq.cn/article/4a6674c8c7ed2f493d48c87fc。

6.1.3 语料准备

1. 原始语料整理

语料质量是模型训练的关键环节，训练前需要先收集语料文件，进行整理和优化，形成最原始的语料。在本次微调中，整理后的原始语料格式如下。

```
问题 1？
答案 1
空行
问题 2？
答案 2
空行
……
```

举例如下。

```
高血压患者能吃党参吗?
高血压病人可以口服党参的。党参有降血脂，降血压的作用，可以彻底消除血液中的垃圾，从而对冠心病以及心血管疾病的患者都有一定的稳定预防工作作用，因此平时口服党参能远离三高的危害。另外党参除了益气养血，降低中枢神经作用，调整消化系统功能，健脾补肺的功能。感谢您的进行咨询，期望我的解释对你有所帮助。

高血压该治疗什么?
高血压患者首先要注意控制食盐摄入量，每天不超过六克，注意不要吃太油腻的食物，多吃新鲜的绿色蔬菜水果，多吃有机食物，注意增强体育锻炼，增加身体素质，同时压力不要过大，精神不要紧张，效果不佳的话，可以积极配合以降压药物控制血压治疗，情绪平时保持平和，不易激动。

老年人高血压一般如何治疗?
高血压是老年人常见的心血管病，血管老化硬化，血压调整能力消退了，目前治疗高血压最重要的方式就是口服降压药，按时口服，不定期复检血压，把血压控制在正常范围是最理想的状态，建议定期去医院查体，平时不要抽烟喝啤酒，不要吃太咸的食物。
```

2. 微调语料格式要求

对 ChatGLM3 模型进行微调所用的语料为多轮会话格式，具体格式如下。

```
[
    {
        // 第一组会话
        "conversations": [
            {
                "role": "system",
                "content": "<system prompt text>"
            },
            // 第一组的第一轮会话
            {
                "role": "user",
                "content": "<user prompt text>"
            },
            {
                "role": "assistant",
```

```
                "content": "<assistant response text>"
            },
            // 第一组的第二轮会话
            {
                "role": "user",
                "content": "<user prompt text>"
            },
            {
                "role": "assistant",
                "content": "<assistant response text>"
            }
        ]
    }
    ,
    {
            // 第二组会话
    }
]
```

3. 语料格式转换

为了将纯文本的原始语料转换成微调所需的JSON格式，以及在需要时方便将此语料转换为其他格式，本例将转换过程分成两步。第一步：原始文本文件转换为简单的JSON格式，如[{“q”:“问1”,“a”:“答1”},{“q”:“问2”,“a”:“答2”}]。第二步：将简单的JSON格式转成微调要求的语料格式。具体的转化步骤如下。

第一步，将文本文件命名为.\data\original_data.txt，通过如下命令转换为.\data\original_data.json。

```
python txt2json.py --infile ./data/original_data.txt \
--outfile ./data/original_data.json
```

转换过后的语料格式如下。

```
[
    {
        "q": "高血压患者能吃党参吗？",
        "a": "高血压病人可以口服党参的。党参有降血脂，降血压的作用，可以彻底消除血液中的垃圾，
            从而对冠心病以及心血管疾病的患者都有一定的稳定预防工作作用，因此平时口服党参能远离
            三高的危害。另外党参除了益气养血，降低中枢神经作用，调整消化系统功能，健脾补肺的功
            能。感谢您的进行咨询，期望我的解释对你有所帮助。"
    },
    {
        "q": "高血压该治疗什么？",
        "a": "高血压患者首先要注意控制食盐摄入量，每天不超过六克，注意不要吃太油腻的食物，多
            吃新鲜的绿色蔬菜水果，多吃有机食物，注意增强体育锻炼，增加身体素质，同时压力不要过
            大，精神不要紧张，效果不佳的话，可以积极配合以降压药物控制血压治疗，情绪平时保持平
            和，不易激动。"
    },
    {
        "q": "老年人高血压一般如何治疗？",
        "a": "高血压是老年人常见的心血管病，血管老化硬化，血压调整能力消退了，目前治疗高血压
```

```
        最重要的方式就是口服降压药，按时口服，不定期复检血压，把血压控制在正常范围是最理想
        的状态，建议不定期去医院查体，平时不要抽烟喝啤酒，不要吃太咸的食物。"
}
]
```

txt2json.py 的源代码如下。

```
import json
import argparse

def txt2json(infile, outfile):
    with open(infile, 'r', encoding='utf-8') as file:
        data = file.read()
    lines = data.split('\n')
    json_data = []
    for i in range(len(lines)):
        if (i - 2 >= 0) and ((i - 2) % 3 == 0):
            question = lines[i-2]
            answer = lines[i-1]
            json_data.append({"q": question, "a": answer})
    with open(outfile, 'w', encoding='utf-8') as file:
        json.dump(json_data, file, indent=4, ensure_ascii=False)

if __name__ == "__main__":
    parser = argparse.ArgumentParser()
    parser.add_argument('--infile', type=str, required=True)
    parser.add_argument('--outfile', type=str, required=True)
    args = parser.parse_args()
    txt2json(args.infile, args.outfile)
```

第二步，将简单的 JSON 转换成微调所需的格式。微调需要两个语料文件，一个用于训练，另一个用于验证，两者数据量占比约为 70% 和 30%，默认文件名为 train.json 和 dev.json。格式转换命令如下。

```
python convert_data.py --infile ./data/original_data.json \
--trainfile ./data/train.json --devfile ./data/dev.json
```

convert_data.py 的源代码如下。

```
import json
import argparse

def load_data(infile):
    with open(infile, 'r', encoding='utf-8') as file:
        data = json.load(file)
    return data

def convert_data_conversations(original_data, trainfile, devfile):
    output_train = []
    dev_train = []
```

```
    train_data_len = round(len(original_data) * 0.7)
    i = 0
    for item in original_data:
        conversation = {
            "conversations": [
                {
                    "role": "user",
                    "content": item["q"]
                },
                {
                    "role": "assistant",
                    "content": item["a"]
                }
            ]
        }
        i = i + 1
        if i < train_data_len:
            output_train.append(conversation)
        else:
            dev_train.append(conversation)
    with open(trainfile, 'w', encoding='utf-8') as json_file:
        json.dump(output_train, json_file,
                  ensure_ascii=False, indent=4)
    with open(devfile, 'w', encoding='utf-8') as json_file:
        json.dump(dev_train, json_file,
                  ensure_ascii=False, indent=4)

if __name__ == "__main__":
    parser = argparse.ArgumentParser()
    parser.add_argument('--infile', type=str, required=True)
    parser.add_argument('--trainfile', type=str, required=True)
    parser.add_argument('--devfile', type=str, required=True)
    args = parser.parse_args()
    original_data = load_data(args.infile)
    convert_data_conversations(original_data,
                               args.trainfile, args.devfile)
```

6.1.4 模型下载

本节微调的模型是 ChatGLM3-6B。可以按以下步骤下载该模型。

```
# 从 aliendao.cn 下载 chatglm3-6b 模型文件
wget https://aliendao.cn/model_download.py
python model_download.py --e --repo_id THUDM/chatglm3-6b \
--token YPY8KHDQ2NAHQ2SG
# 下载后的文件在 ./dataroot/models/THUDM/chatglm3-6b 目录下
```

6.1.5 微调过程

使用 finetune_demo/configs/ptuning_v2.yaml 中定义的默认微调参数，微调需要 16GB 左

右的 GPU 内存。如果推理卡内存只有 16GB，则在运行过程中很可能会出现 GPU 内存溢出的情况。在这种情况下要适当降低模型每次载入推理卡的批量。将 ptuning_v2.yaml 中的 per_device_train_batch_size 的参数值从原来的 4 减少为 2，这样可以省掉 1GB 的 GPU 内存。

使用以下命令开始微调，其中三个参数分别为训练语料文件和验证文件所在的路径、基础模型所在目录和微调参数配置文件。

```
python finetune_demo/finetune_hf.py ./data  \
./dataroot/models/THUDM/chatglm3-6b \
finetune_demo/configs/ptuning_v2.yaml
```

以下是一些常见的报错类型。

1）在 Ubuntu20.04 上，上述微调脚本可能会报以下错误（在 Ubuntu22.04 上正常）。

```
ImportError: /lib/x86_64-linux-gnu/libstdc++.so.6: version 'GLIBCXX_3.4.29'
```

这是因为在 Ubuntu20.04 上 libstdc++.so.6 文件的版本过旧。对此，查看系统中其他版本的同类型文件，选择其中较高版本，确认是否包含所需的 GLIBCXX_3.4.29。将合适版本的文件复制到指定目录下，删除之前链接并建立新的链接。此时验证，一般程序即可成功运行（步骤示例参考 https://blog.csdn.net/weixin_39379635/article/details/129159713）。

2）出现以下报错，则是因为语料文件中有乱码或在 JSON 串中有换行符，导致无法正常装载数据集。这要重新整理语料，消除不正常的换行符。

```
Generating validation split: 0 examples [00:00, ? examples/s]Killed
```

微调的过程见图 6-1。当运行完默认参数所规定的 3000 步，可见提示如下。

```
Training completed. Do not forget to share your model on huggingface.co/models =)
```

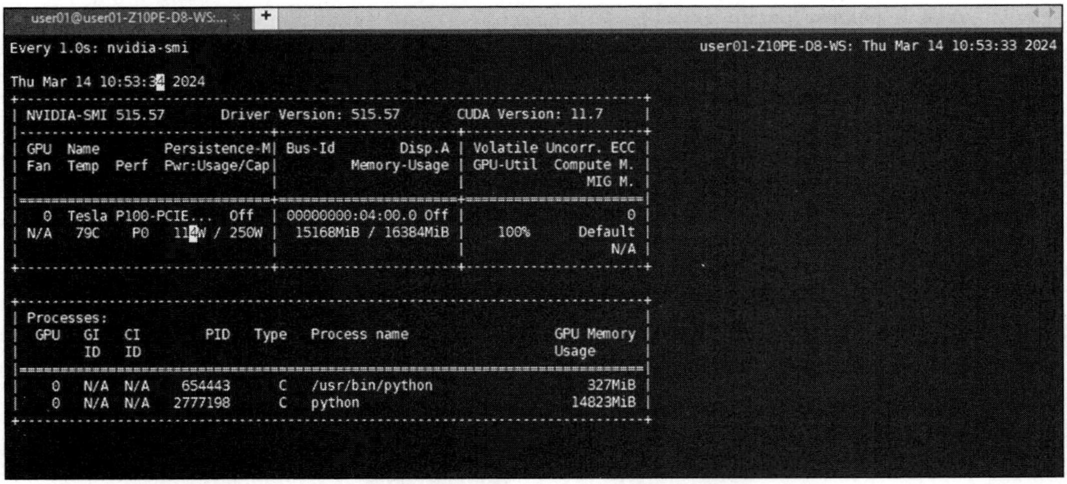

图 6-1　ChatGLM3-6B P-Tuning v2 微调

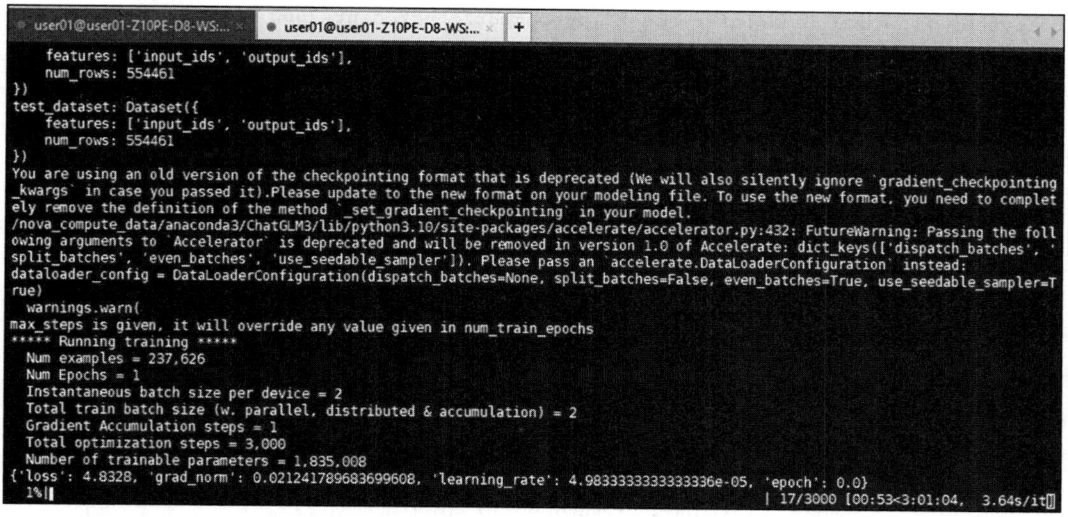

图 6-1 ChatGLM3-6B P-Tuning v2 微调（续）

此时就可以中断微调了。微调过程中的各种运行指标见表 6-1。

表 6-1 ChatGLM3-6B 微调情况

类别	参数	参数值
GPU	GPU 内存占用	14.8GB
	GPU 利用率	100%
	GPU 温度	79℃（正常）
微调过程	总步数	3000
	已进行步数	17
	剩余时间	3h
	目前 loss 值	4.8

在大语言模型进行微调时，判定微调效果不是靠步数，而是要参考训练过程中的 loss 值。一般来说，当 loss 值趋于稳定且不再显著下降时，即可以认为模型已经收敛。判断模型微调效果是否趋于稳定，有一个经验值——0.3。当 loss 值低于这个值时，说明微调模型基本可用。当然，实际操作中模型不同、参数量不同、任务不同、数据集不同、微调方法不同，不能一味用这个固定的 loss 值来判断，最好的做法是根据实际情况来测试和评估模型的性能。所以，当进行了 3000 步微调后，若 loss 值依然很大或评估发现效果不佳，则还要载入 3000 步的检查点继续微调，以达到更好的效果。

6.1.6 微调模型测试

微调过程中，按照默认参数，每 500 步会产生一个检查点并将其保存到 output 目录下，如 output/checkpoint-2500。全部训练完后，检查点为 output/checkpoint-3000。在训练过程中，如果还有空闲算力，则可以载入检查点进行测试，如果暂无空闲算力，则等 3000 步运行完退出微调程序后再测试。测试的命令如下。

```
python finetune_demo/inference_hf.py checkpoint_path --prompt 问题
如：
```

```
python finetune_demo/inference_hf.py output/checkpoint-3000 \
--prompt 高血压要注意哪些方面?
```

运行结果如图 6-2 所示。

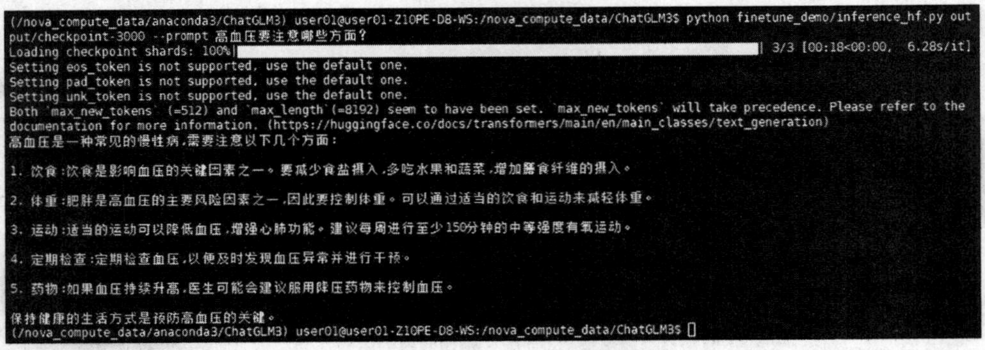

图 6-2 ChatGLM3-6B 微调后推理

对于微调前原始模型的效果，可用以下命令查看。这样就可以对比微调前和微调后的模型生成效果。

```
python finetune_demo/inference_hf.py \
./dataroot/models/THUDM/chatglm3-6b \
--prompt 高血压要注意哪些方面?
```

6.2 LLaMA2 微调

本节参考 LLaMA2 官方提供的微调方法，使用 PEFT 技术，加入中文语料对基础模型 Llama-2-7b-chat-hf 进行微调，并将微调模型与原始合并，编写推理代码。通过学习 LLaMA2 微调的全流程，掌握基于 Transformer 架构的大语言模型的基本微调原理和操作过程。

6.2.1 微调方法介绍

对于 LLaMA2，采用 Meta 官方提供的 llama-recipes 程序进行微调。具体有两种微调手段可供选择，分别为参数高效模型微调（Parameter Efficient Model Fine-Tuning，PEFT）和全 / 部分参数微调（Full/ Partial Parameter Fine-Tuning）。PEFT 由 Hugging Face 开发，支持 LoRA 等微调策略，对算力要求较低，所以本节的微调实例采用了 PEFT 方法。

1. 参数高效模型微调

参数高效模型微调只需要占用较少的 GPU 内存资源，可以在一个消费级 GPU（如 RTX3090）上微调。经过实践，Llama-2-7b 或 Llama-2-7b-chat 的半精度模型，可以在 16GB 的 GPU（如 P100、T4）上微调。参数高效模型微调的原理是保持整个模型参数冻结，只在模型上添加微小的可学习参数或层，这样就只训练一小部分参数。此类微调中常常采用的策略有 LoRA、LLaMA 适配器（LLaMA Adapter）和前缀微调（Prefix-Tuning）。其中 LoRA 在 1.4.4 节已经介绍过，是一种通过低秩矩阵分解来实现参数高效微调的方法，可显著减少微调过程中需要更新的参数数量，从而提高效率。LLaMA Adapter 是一种专门用于 LLaMA 模型的参数高效微调方法，其核心思想是在模型的不同层之间插入适配器模块，通过微调这些适配器来实现任务适应，而不是直接修改模型的原始参数。Prefix Tuning 是一种在输入序列前添加可微调的前缀向量来实现参数高效微调的方法，主要是利用前缀向量在输入序列中的影响，通过微调这些前缀向量来适应新任务，而保持原始模型参数不变。

该微调方法的优势主要有以下几个方面。

- 低微调成本：这些方法只训练一小部分额外的参数，而不是完整的模型，这使得在消费级 GPU 上调整这些参数成为可能。
- 低部署成本：微调的只有一小部分参数，只占用 MB 级空间而不是 GB 级。这样在装载模型时，除装载原始的 LLaMA2 预训练模型外，只需要再额外加上几个 MB 的参数就可完成微调后模型的部署工作，实现了以预训练模型为主干，通过微调参数适应不同任务，从而进行联合推理的目的。
- 减少灾难性遗忘问题：由于原始模型的整体参数是锁定的，大模型原本具备的知识不会因为微调而丢失。

2. 全 / 部分参数微调

全参数微调有三种策略：保持预训练模型冻结，仅微调任务头，如分类器模型；保持预训练模型冻结，并在顶部添加一些完全连接的层；对所有图层进行微调。

全 / 部分参数微调的对象是原始模型的权重参数。如果 GPU 内存较小，那么一个 GPU 往往无法进行微调，因为没有足够的 GPU 内存来保存模型参数、梯度和优化器状态，而具体占用多少内存，与模型参数数量、精度有关。在这种情况下，需要引入完全分片数据并行（Fully Sharded Data Parallel，FSDP）的分布式训练方案，使得将模型分布到“一机多卡”“多机多卡”等环境下进行微调成为可能。FSDP 不仅对数据进行分片，还对参数、梯度和优化器状态进行建模。这意味着每个 GPU 将只保留模型的一个分片，这将节省大量内存，使我们能够将更大的模型安装到多个 GPU 中。

6.2.2 微调环境准备

```
# 代码准备
git clone https://github.com/facebookresearch/llama-recipes
cd llama-recipes
git checkout 95418fc
# Python3.10 环境创建
conda create -n llama-recipes python=3.10 -y
conda activate llama-recipes
# 更新 setuptools
pip install -U pip setuptools
```

```
# 安装基本依赖库
pip install -r requirements.txt \
-i https://pypi.mirrors.ustc.edu.cn/simple \
--trusted-host=pypi.mirrors.ustc.edu.cn
# 验证 PyTorch 是否安装成功
python -c "import torch; print(torch.cuda.is_available())"
# 使用源码安装 llama-recipes 模块
pip install -e . -i https://pypi.mirrors.ustc.edu.cn/simple \
--trusted-host=pypi.mirrors.ustc.edu.cn
# PEFT 为 v0.10.0 或更高版本时，进行微调会报以下错误
# cannot import name prepare_model_for_int8_training'from'peft'
# 需要将 PEFT 版本降低到 v0.9.0
pip install peft==0.9.0 -i https://pypi.mirrors.ustc.edu.cn/simple \
--trusted-host=pypi.mirrors.ustc.edu.cn
```

6.2.3 语料准备

微调 LLaMA2 模型可采用 alpaca_dataset 数据集。alpaca_dataset 是一个斯坦福开源数据集，包括用于特定领域模型微调 Alpaca[⊖]的 52000 组指令数据。其文件内容是一个字典列表，每个字典包含以下字段：instruction（指令）、input（输入）和 output（输出）。

- instruction：描述模型应执行的任务。52000 组数据中，每一组数据要指定唯一的 instruction，不能重复。
- input：任务的可选上下文或输入内容。例如，当 instruction 为“总结以下文章”时，输入内容就是文章本身。
- output：由 text-davinci-003（ChatGPT-3.5 背后的大语言模型）生成的答案。

alpaca_dataset 中文语料很容易从网上搜索到，可以从 https://github.com/tatsu-lab/stanford_alpaca/blob/main/alpaca_data.json 中下载。

打开此链接，点击“ Download raw file”下载 alpaca_dataset 语料，并进行修改，或者将其他中文语料转换为 alpaca_dataset 格式。语料文件命名为 alpaca_data.json，格式如下。

```
[
    {
        "instruction": "你是谁?",
        "input": "",
        "output": "我是 Gitclone，一个语言模型，由来自 git-cloner 的研究人员训练。"
    },
    {
        "instruction": "你能做什么呢?",
        "input": "",
        "output": "我可以和你聊天"
    },
    {
        "instruction": "你是谁啊?",
```

⊖ https://github.com/tatsu-lab/stanford_alpaca。

```
        "input": "",
        "output": "我叫 Gitclone，我是 git-cloner 开发的语言模型。"
    }
]
```

6.2.4 模型下载

本节微调的模型是 Llama-2-7b-chat-hf，执行以下步骤下载模型。

```
# 从 aliendao.cn 中下载 Llama-2-7b-chat-hf 模型文件
wget https://aliendao.cn/model_download.py
python model_download.py --e --repo_id NousResearch/Llama-2-7b-chat-hf \
--token YPY8KHDQ2NAHQ2SG
# 下载的文件在 ./dataroot/models/NousResearch/Llama-2-7b-chat-hf 目录下
```

6.2.5 微调过程

1. 微调语料准备

语料文件命名为 alpaca_data.json。微调时，需要将该文件复制到 llama-recipes/src/llama_recipes/datasets 目录下。

2. 微调参数说明

微调过程使用 recipes/finetuning/finetuning.py 脚本。微调脚本用到的所有参数均在 src/llama_recipes/configs/training.py 文件中。需要特别注意的是，如果 PyTorch 的版本稍旧，那么微调脚本用到的 torch.distributed._tensor.device_mesh 类可能会存在问题。因为 PyTorch 的某个版本中缺少 init_device_mesh 方法。如果微调时报错信息为“import init_device_mesh”，则要注释掉 llama-recipes/src/llama_recipes/utils/fsdp_utils.py 中的第三行代码。

```
# from torch.distributed._tensor.device_mesh import init_device_mesh
```

根据推理卡的内存和算力情况，确定微调的参数，并不断对其进行调整，以满足“GPU 内存基本占满，GPU 使用率基本撑满”的最经济运行原则，最大程度地利用好现有算力条件。表 6-2 为对于“单机单卡”的 16G 内存 GPU 的一些模型微调建议参数。

表 6-2　Llama-2-7b-chat-hf 微调建议参数

参数名	说明	建议值
model_name	基础模型文件路径	./dataroot/models/NousResearch/Llama-2-7b-chat-hf
output_dir	微调后输出路径	
dataset	语料类型，可选 samsum_dataset、grammar_dataset、alpaca_dataset、custom_dataset	Alpaca_dataset
use_peft	使用 PEFT 微调	True
peft_method	PEFT 方法，可选 None、lora、llama_adapter、prefix	lora

（续）

参数名	说明	建议值
batch_size_training	训练批量大小，可根据 GPU 的内存情况调整，在内存不溢出的情况下尽量将该值设置大一些	4
num_epochs	训练轮次	3
context_length	上下文长度，默认为 4096，可根据 GPU 的内存情况调整，在内存不溢出的情况下尽量将该值设置大一些	1024
quantization	8bit 量化装载模型	True

3. 微调过程

使用以下脚本微调。因为微调的时间较长，为了防止 SSH 终端工具异常断开导致微调过程中断，建议用 nohup 命令在后台运行微调进程。这样即使 SSH 终端断开，也不影响微调过程。运行日志写入了 train.log，可用“tail -f train.log”命令查看。

```
CUDA_VISIBLE_DEVICES=0 nohup torchrun \
--nnodes 1 --nproc_per_node 1 recipes/finetuning/finetuning.py \
--model_name ./dataroot/models/NousResearch/Llama-2-7b-chat-hf \
--output_dir output/PEFT/model \
--dataset alpaca_dataset \
--use_peft \
--peft_method lora \
--batch_size_training 4 \
--num_epochs 3 \
--context_length 1024 \
--quantization > train.log  2>&1 &
# 日志查看
tail -f train.log
```

微调过程见图 6-3。过程中的各种运行指标见表 6-3。

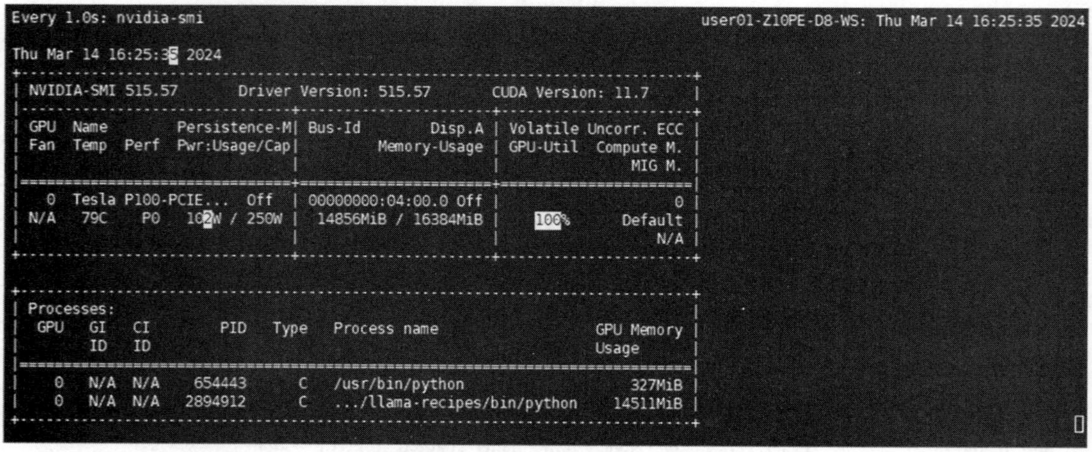

图 6-3　Llama-2-7b-chat-hf 微调

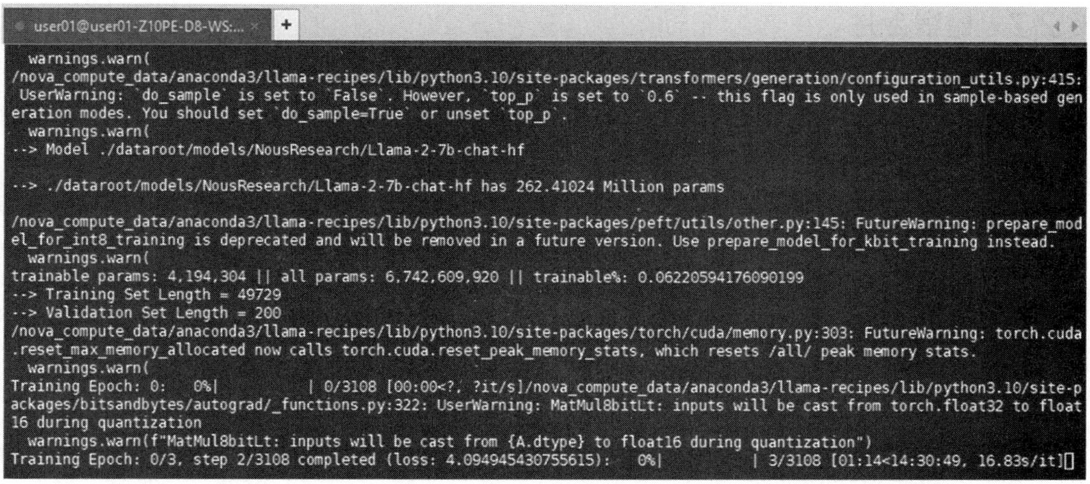

图 6-3　Llama-2-7b-chat-hf 微调（续）

表 6-3　Llama-2-7b-chat-hf 微调过程情况

类别	参数	参数值
GPU	GPU 内存占用	14.5GB
	GPU 利用率	100%
	GPU 温度	79℃（正常）
微调过程	总步数	3108 步
	已进行步数	3 步
	剩余时间	14h30min
	目前 loss 值	4.09

6.2.6　PEFT 微调模型测试

使用 PEFT 微调方法得到的模型文件在 output/PEFT/model 目录下，由 adapter_config.json 和 adapter_model.safetensors 组成。adapter_config.json 是微调模型的配置信息，记录了原始模型位置、微调策略等；adapter_model.safetensors 则是在增量预训练阶段或有监督微调阶段产生的适配器文件，相当于针对原始权重的一个补丁。装载 PEFT 微调模型进行 Demo 测试，需要新建一个 prompt.txt 的文本文件，将测试问题写入这个文件中。测试命令如下。

```
python recipes/inference/local_inference/inference.py \
./dataroot/models/NousResearch/Llama-2-7b-chat-hf \
--prompt_file prompt.txt --peft_model output/PEFT/model \
--enable_salesforce_content_safety False \
--quantization --max_new_tokens 200
```

6.2.7 模型合并

为了便于分发和运行，可以把 PEFT 微调得到的模型与原始模型进行合并，形成新的模型。合并模型用 merge_lora_weights.py 脚本完成。

在执行脚本前，要将原始模型的 generation_config.json 文件删除或改名，以防止出现“ValueError: The generation config instance is invalid -- `.validate()` throws warnings and/or exceptions. Fix these issues to save the configuration”的错误（说明 generation_config.json 与 PEFT 冲突），合并命令如下。

```
python recipes/inference/model_servers/hf_text_generation_inference/merge_lora_
    weights.py \
--base_model ./dataroot/models/NousResearch/Llama-2-7b-chat-hf \
--peft_model output/PEFT/model --output_dir output/merged/model
```

6.2.8 合并后模型测试

上述模型合并后，将在 output/merged/model 目录下生成新的模型，用以下命令测试。

```
python recipes/inference/local_inference/inference.py \
./output/merged/model \
--prompt_file prompt.txt --peft_model output/PEFT/model \
--enable_salesforce_content_safety False \
--quantization --max_new_tokens 200
```

6.3 Gemma 微调

对于 Hugging Face 格式的 Gemma 模型，可以采用 Transformers 库的 SFTTrainer 方法进行微调。即使对于 2B 或 7B 这些中等参数规模的语言模型来说，全量参数微调也会占用大量 GPU 内存和算力资源，再采用 Gemma 官方推荐的 Colab 或 Kaggle 开发运行平台，成本较高。如果只用于学习或实验，那么参数高效模型微调是一种低成本的微调方案，且效果尚可。

6.3.1 微调方法介绍

PEFT 的微调策略有 LoRA、LLaMA Adapter、Prefix-Tuning，本节采用的是 LoRA 方式。LoRA 是一种用于大语言模型的参数高效微调技术，这种微调方案只针对模型参数的一小部分进行微调，通过冻结原始模型并只训练被分解为低秩矩阵的适配器层，以此提高微调效率，减少灾难性遗忘等问题。

在本节实践中，根据 Hugging Face 针对 Gemma 进行 PEFT 微调提出的一种方案完善了源代码，从而更好地对 Gemma-2B 模型进行微调，过程中所用数据来自公开的“名人名言”数据集（Abirate/english-quotes）。在模型微调前针对一句名言“Imagination is more important than knowledge. Knowledge is limited. Imagination encircles the world” 中的一部分 “ Imagination is more ” 进行补全，查看推理效果。模型微调后，可看到推理的结果会有变化，更接近于“名人名言”数据集的语料数据。

6.3.2 微调环境准备

1. 建立 Python 虚拟环境

```
# 建立一个 Python3.10 虚拟环境
conda create -n gemma python=3.10 -y
conda activate gemma
mkdir gemma-2b
cd gemma-2b
```

2. 安装依赖库

先新建一个库依赖列表文件 requirements.txt，内容如下。

```
torch==2.0.1
transformers==4.38.1
accelerate==0.27.2
bitsandbytes==0.42.0
trl==0.7.11
peft==0.8.2
```

然后运行如下命令。

```
pip install -r requirements.txt \
-i https://pypi.mirrors.ustc.edu.cn/simple \
--trusted-host=pypi.mirrors.ustc.edu.cn
```

6.3.3 模型下载

```
# 从 aliendao.cn 下载 gemma-2b 模型文件
wget https://aliendao.cn/model_download.py
python model_download.py --e --repo_id alpindale/gemma-2b \
--token YPY8KHDQ2NAHQ2SG
# 下载后的文件在 ./dataroot/models/alpindale/gemma-2b 目录下
```

6.3.4 微调程序开发

微调过程使用 Transformers 库的 SFTTrainer 方法，采用 PEFT 方法的 LoRA 策略。语料采用 Abirate/english_quotes 数据集。微调程序名为 gemma-train.py。源代码如下。

```
import torch
from transformers import AutoTokenizer, AutoModelForCausalLM, \
    BitsAndBytesConfig, TrainingArguments
from trl import SFTTrainer
from datasets import load_dataset
```

```
from peft import LoraConfig
def load_Model():
    model_path = "./dataroot/models/alpindale/gemma-2b"
    bnb_config = BitsAndBytesConfig(
        load_in_4bit=True,
        bnb_4bit_quant_type="nf4",
        bnb_4bit_compute_dtype=torch.bfloat16
    )
    tokenizer = AutoTokenizer.from_pretrained(model_path)
    model = AutoModelForCausalLM.from_pretrained(
        model_path, quantization_config=bnb_config, device_map={"": 0})
    return model, tokenizer

def load_data(tokenizer):
    dataset_path = "./dataroot/datasets/Abirate/english_quotes"
    data = load_dataset(dataset_path)
    data = data.map(lambda samples: tokenizer(samples["quote"]), \
        batched=True)
    return data

def generate(text):
    device = "cuda:0"
    inputs = tokenizer(text, return_tensors="pt").to(device)
    outputs = model.generate(**inputs, max_new_tokens=20)
    print(tokenizer.decode(outputs[0], skip_special_tokens=True))

def formatting_func(example):
    text = f"Quote: {example['quote'][0]}\nAuthor: \
{example['author'][0]}"
    return [text]

def train(model, data):
    lora_config = LoraConfig(
        r=8,
        target_modules=["q_proj", "o_proj", "k_proj",
                        "v_proj", "gate_proj", "up_proj", "down_proj"],
        task_type="CAUSAL_LM",
    )
    trainer = SFTTrainer(
        model=model,
        train_dataset=data["train"],
        args=TrainingArguments(
            per_device_train_batch_size=1,
            gradient_accumulation_steps=4,
            warmup_steps=2,
            max_steps=10,
            learning_rate=2e-4,
            fp16=True,
            logging_steps=1,
            output_dir="outputs",
```

```
            optim="paged_adamw_8bit"
        ),
        peft_config=lora_config,
        formatting_func=formatting_func,
    )
    trainer.train()

if __name__ == "__main__":
    print("torch cuda:", torch.cuda.is_available())
    model, tokenizer = load_Model()
    data = load_data(tokenizer)
    print(generate("Quote: Imagination is more"))
    train(model, data)
    print(generate("Quote: Imagination is more"))
```

对其中的主要函数进行说明，如表 6-4 所示。

表 6-4 Gemma-2B 微调程序的主要函数说明

函数名	中文名	用途
load_Model	装载 Gemma-2B 模型	在本例中，采用 load_in_4bit 量化方式装载模型
load_data	装载数据集	载入 Abirate/english_quotes 数据集
generate	推理	在本例中，在微调前和微调后用相同的提示词来对比模型微调效果
train	微调过程	采用 SFTTrainer 方法微调模型

6.3.5 语料文件下载

使用以下命令下载数据集 Abirate/english_quotes。

```
python model_download.py --repo_type dataset --repo_id \
Abirate/english_quotes
```

Abirate/english_quotes 数据集的格式为 jsonl，即每行数据都是一个 JSON 格式的对象，具体示例如下。

```
{"quote":"“Be yourself; everyone else is already taken.”","author":"Oscar
    Wilde","tags":["be-yourself","gilbert-perreira","honesty","inspirational","m
    isattributed-oscar-wilde","quote-investigator"]}
{"quote":"“I'm selfish, impatient and a little insecure. I make mistakes,
    I am out of control and at times hard to handle. But if you can't
    handle me at my worst, then you sure as hell don't deserve me at my
    best.”","author":"Marilyn Monroe","tags":["best","life","love","mistakes","o
    ut-of-control","truth","worst"]}
```

每行 JSON 数据都是一条完整的记录，格式如下。

```
{
    "quote":"“Be yourself;everyone else is already taken.”",
    "author":"Oscar Wilde",
    "tags":[
```

```
            "be-yourself",
            "gilbert-perreira",
            "honesty",
            "inspirational",
            "misattributed-oscar-wilde",
            "quote-investigator"
        ]
    }
```

6.3.6 微调与测试过程

使用“python gemma-train.py”命令进行微调，由于数据集只有632KB，模型也是用量化模式装载的，所以微调过程很快，只需要几分钟即可完成。微调过程见图6-4。从结果来看，微调前补全的名言作者是“- Albert Einstein”，而由于新数据集的引入，微调后显示名言作者为“Author:Albert Einstein”。

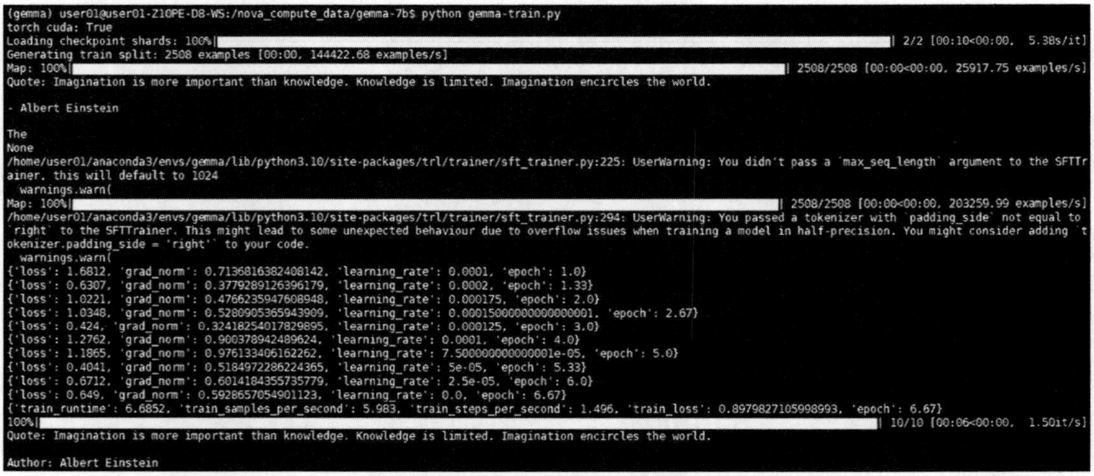

图 6-4　Gemma-2B 微调与测试

第 7 章 Chapter 7

大语言模型量化

大语言模型是将语言问题转换为数学计算的一种人工智能技术。由于大量采用浮点运算，大语言模型一般都需要 GPU 算力的支持，即使是参数规模较小的 6B 或 7B 模型，也需要至少 16GB 内存的推理卡才能正常运行。对于不具备这样的算力条件，又想实践大语言模型应用的情况，也有相应的解决方案，即通过模型量化（Quantization）的方法来实现。

本章介绍了在笔记本计算机等低算力条件下部署大语言模型的方法，也就是在 Windows 操作系统上，使用 llama.cpp、gemma.cpp 等量化方法，实现 AI 问答系统，从而在低算力条件下运行完整的大语言模型应用。

7.1 量化介绍

大语言模型通常有数十亿甚至数百亿个参数，运行时会占用大量的 GPU 内存和计算资源。当既想使模型在有限的算力条件下运行，又不想使模型的效果降低太多时，模型量化方法则成为一种可行的选择。

模型量化是指将模型中的权重参数或激活值从 32 位浮点型的高精度转换为 4bit 或 8bit 的低精度整数的过程，得到的结果是精度降低、模型变小、计算的复杂度降低，使模型在 CPU 等低算力条件下也能正常推理。在量化的实践过程中，除降低精度外，还要将原来运行在 Python 环境中的程序使用 C++ 语言重新编写，这样才能够基本保持模型的能力，又保证运行性能。需要注意的是，量化方法通常只用于推理过程，而不能应用于训练阶段。

7.2 llama.cpp 量化过程

llama.cpp[㊀]是一种基于 LLaMA 架构的大模型量化方法，是由开源开发者 Georgi Gerganov 使用纯 C/C++ 语言开发的专用于推理的版本。其目标在于让大模型可以在除 GPU 之外更广泛的硬件上运行，甚至可以运行在 Android 手机上。

llama.cpp 基于机器学习模型张量库 GGML[㊁]构建。GGML 也是由 Georgi Gerganov 使用 C/C++ 实现的，经过处理的大语言模型 GGML 版本可以在 CPU 上实现高性能的运行。

为了对 Hugging face 格式大语言模型进行量化，需要先把模型权重文件转换成 GGUF 格式。GGUF 的全称是 GPT-Generated Unified Format，是由 Georgi Gerganov 定义的一种大模型文件格式。它是一种二进制文件规范，采用紧凑的二进制编码格式、优化的数据结构、内存映射等技术，让大模型更加高效地进行存储和交换。原始的大模型预训练模型文件经过转换后成为 GGUF 格式，可以更快地被装载到内存使用，消耗更少的资源。

本节使用 llama.cpp 对 Qwen-1.8B 大模型进行量化，使其脱离原有的 GPU 环境，在 Windows 和 CPU 上运行。

7.2.1 llama.cpp 编译

llama.cpp 采用 C/C++ 实现。为了保证它在各种操作系统下的兼容性，使用 llama.cpp 前需要对其源码进行编译，生成 main.exe、server.exe、quantize.exe 等工具。为了简化编译过程，避免下载 Visual Studio 等重型工具，本节采用 W64devkit 开发包编译 llama.cpp。W64devkit 是一个可移植的 Windows C 和 C++ 开发包，用于在 Windows x64 系统上编译 C 和 C++ 语言的应用程序。

1. 安装 w64devkit

与 Linux 下预装的 GCC 编译环境不同，在 Windows 系统上编译 C/C++ 程序时往往需要安装规模较大的 Visual Studio 环境。该安装过程相对复杂，所以为了简化编译过程，本节应用了 w64devkit.exe 编译程序作为替代方案。w64devkit 的下载链接如下。

```
https://github.com/skeeto/w64devkit/releases/download/v1.21.0/w64devkit-
    1.21.0.zip
```

下载后直接解压缩即可。

2. 获取 llama.cpp 源码

在命令行下运行“git clone”命令，从 github.com 中拉取 llama.cpp 源码，命令如下。

```
git clone https://github.com/ggerganov/llama.cpp
cd llama.cpp
```

㊀ https://github.com/ggerganov/llama.cpp。

㊁ https://github.com/ggerganov/ggml。

```
git checkout 19885d2
```

3. 编译

w64devkit 可被看成一个编译虚拟环境，运行 w64devkit.exe 就进入了一个类似于 Linux 的虚拟环境中，可执行 shell 命令和编译命令。对 llama.cpp 的编译过程极为简单，只用一行 make 命令即可编译生成 llama.cpp 的目标 .exe 文件。下面运行 w64devkit.exe 文件，切换到 llama.cpp 目录下，运行 make 命令编译。

```
cd llama.cpp
make
```

编译的结果是产生了一系列 llama.cpp 可执行文件。其中，本节用到的有三个文件：main.exe、quantize.exe 和 server.exe。需要注意的是，Windows 的杀毒软件可能会把 server.exe 当成威胁删除，必要时要从威胁列表中将其恢复。

7.2.2 模型 GGUF 格式转换

本节量化的原始模型是 Qwen-1.8B，其中模型文件是 Hugging Face 的格式，文件名为 model-00001-of-00002.safetensors 和 model-00002-of-00002.safetensors。为了便于后续进行 INT4 量化，先用 convert-hf-to-gguf.py 脚本将 safetensors 格式的模型文件转换成 GGUF 格式。这个转化过程需要在 Python 虚拟环境下完成。

（1）建立 Python 虚拟环境

```
conda create -n llama.cpp python=3.10 -y
conda activate llama.cpp
```

（2）安装依赖库

```
# 基本依赖库
pip install -r requirements.txt -i https://pypi.mirrors.ustc.edu.cn/simple
    --trusted-host=pypi.mirrors.ustc.edu.cn
# tiktoken 库
pip install tiktoken -i https://pypi.mirrors.ustc.edu.cn/simple --trusted-
    host=pypi.mirrors.ustc.edu.cn
```

7.2.3 模型下载

从 aliendao.cn 下载 Qwen-1.8B 模型文件，代码如下。

```
# 从 aliendao.cn 下载 Qwen-1.8B 模型文件
wget https://aliendao.cn/model_download.py
python model_download.py --e --repo_id Qwen/Qwen-1_8B --token YPY8KHDQ2NAHQ2SG
# 下载后的文件在 dataroot/models/Qwen/Qwen-1_8B 目录下
```

7.2.4 量化过程

量化模型分为两步，首先用 convert-hf-to-gguf.py 脚本将原始模型的精度降低一半，然后用 quantize.exe 命令将半精度模型量化为 GGML 格式，这样将大大降低模型对算力资源的要求。由下面代码可见，量化的结果是 Qwen-1_8B/ggml-model-q5_k_m.gguf q5_k_m。

```
python convert-hf-to-gguf.py dataroot/models/Qwen/Qwen-1_8B
quantize.exe dataroot/models/Qwen/Qwen-1_8B/ggml-model-f16.gguf dataroot/models/
    Qwen/Qwen-1_8B/ggml-model-q5_k_m.gguf q5_k_m
```

7.2.5 量化模型测试

经过量化的模型，就可以用 main.exe 装载了，它会在 CPU 上进行推理。运行下列命令，然后用户输入要问的问题，模型将给出回答。

```
main.exe -m dataroot/models/Qwen/Qwen-1_8B/ggml-model-q5_k_m.gguf -n 512 --chatml
```

运行结果见图 7-1。

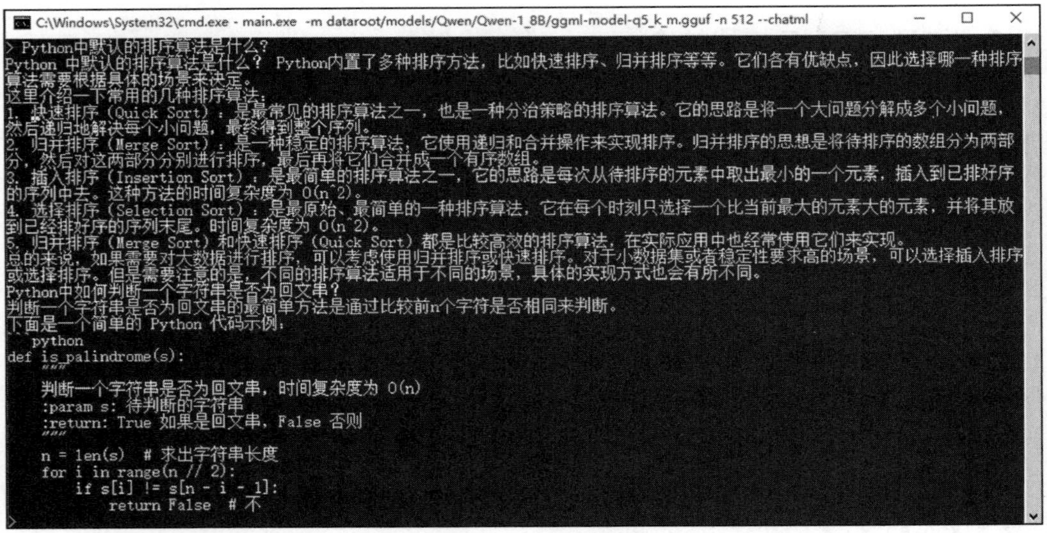

图 7-1 llama.cpp 装载运行

7.2.6 Web 方式运行

llama.cpp 的 server.exe 工具提供了 Web 端的 Chat 服务。

首先，运行以下命令。

```
server.exe -m  dataroot/models/Qwen/Qwen-1_8B/ggml-model-q5_k_m.gguf -c 2048
```

待服务正常运行后，在浏览器中打开 http://127.0.0.1:8080，就可以在模型的 WebUI 中提问了。

7.3 gemma.cpp 量化过程

受到 llama.cpp 的启发，Google 也为 Gemma 开发了一个 gemma.cpp 项目，用于 Gemma 基础模型量化。gemma.cpp 是一个轻量级、独立的 C++ 推理引擎。与 llama.cpp 的 GGUF 模型格式、GGML 量化算法能广泛应用于各种模型不同，gemma.cpp 专为 Gemma 的 2B 和 7B 模型定制开发，致力于使用上的简单和直接，而不考虑通用性。一般来说，使用 C++ 部署的推理引擎在运行时和基于 Python 的训练框架之间在技术、原理、通用性方面存在很大的差别，所以 gemma.cpp 的运行过程与 Transformers 库的运行方式截然不同。

在本节的量化实例中，从 https://www.kaggle.com 下载已量化的 2b-it 模型，使其在 Windows 上使用 CPU 进行推理。其操作难点主要在于 gemma.cpp 需要根据操作系统环境进行编译，而它在 Windows 上对编译环境的要求较为苛刻。与 llama.cpp 将原始模型转化为量化模型的步骤不同，gemma.cpp 提供了已量化模型的下载功能，所以可以将本节的目标理解为"如何使用 gemma.cpp 装载 Gemma 量化模型进行推理"。由于量化模型精度远低于原始模型，且运行在 CPU 上，所以其推理效果还有待提高。

7.3.1 gemma.cpp 源码下载

gemma.cpp 在持续开发中，为了保证本例能够一直正常运行，建议在下载源码后，将其源码版本固定在某一个版本（commit）上。这样不管以后 gemma.cpp 如何修改，都不会影响这个版本。源码下载方法如下。

```
git clone https://github.com/google/gemma.cpp
cd gemma.cpp
git checkout 0221956
```

7.3.2 gemma.cpp 编译

gemma.cpp 应用于 Windows 时，操作系统版本需要是 Windows10 或 Windows11，并且指定使用 Visual Studio Build Tools 2022 版本进行编译，该工具的安装选项见图 7-2。与 llama.cpp 使用 make 方法编译不同，gemma.cpp 使用 cmake 工具编译，且要由 C++ Clang 工具提供支持，过程较为复杂。

```
# 下载 Visual Studio Build Tools 2022
https://aka.ms/vs/17/release/vs_BuildTools.exe
# 安装 Visual Studio Build Tools
# 选择使用 C++ 的桌面开发和适用于 Windows 的 C++ Clang 工具
# 设定环境变量 path
# 将 cmake.exe 所在的目录（如 c:\Program Files (x86)\Microsoft Visual Studio\2022\
    BuildTools\Common7\IDE\CommonExtensions\Microsoft\CMake\CMake\bin）加到 path 路
    径中
# 配置 build 目录
cmake --preset windows
```

```
# 使用 Visual Studio Build Tools 编译项目
# 其中 "-j" 后面的数字用 CPU 的核数，用于多核编译，提高编译效率
cmake --build --preset windows -j 4
# 编译完成
# 编译的结果在 build/Release/gemma.exe
```

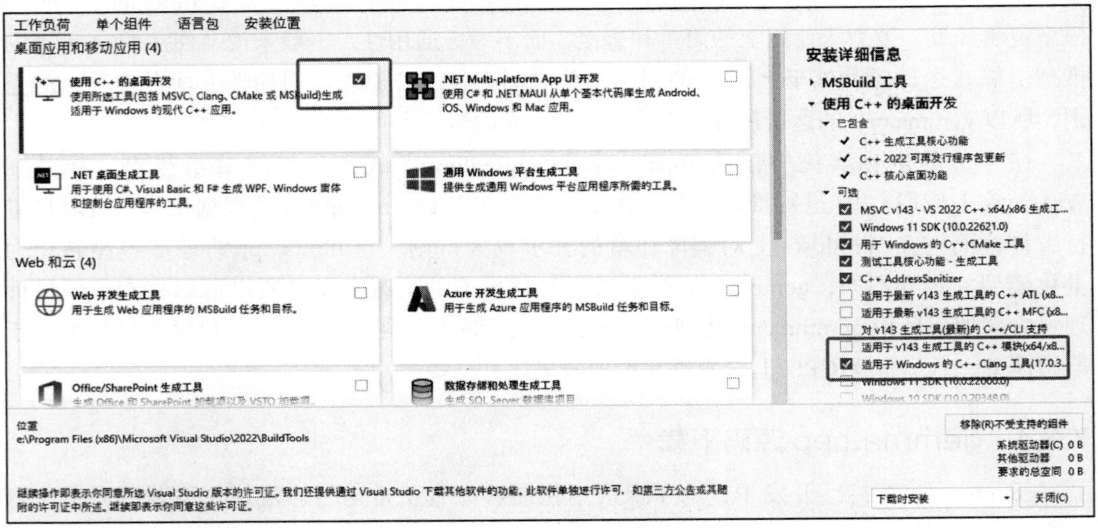

图 7-2　Visual Studio Build Tools 2022 安装选项

7.3.3　量化模型下载

Gemma-2B 的量化版本要从 https://www.kaggle.com/ 下载，地址如下。

```
https://www.kaggle.com/models/google/gemma/frameworks/gemmaCpp
```

下载前要注册 kaggle 用户，并填写调查表，写明模型用途。这是 Gemma 免费使用的前提条件。下载链接在“Gemma C++”选项卡中，选择 2b-it-sfp 后下载，如图 7-3 所示。下载的文件名为 archive.tar.gz，可以用 Winrar 软件解压。

7.3.4　推理

将前面下载的模型文件 archive.tar.gz 解压，并将解压后的两个文件复制到 models 目录下。其中 models\2b-it-sfp.sbs 是压缩权重文件，models\tokenizer.spm 是分词标记器文件。运行量化推理命令，如下所示。

```
build\Release\gemma.exe --tokenizer models\tokenizer.spm --compressed_weights
    models\2b-it-sfp.sbs --model 2b-it
```

运行结果如图 7-4 所示。从运行情况来看，Gemma 模型发布的时间比较短，2B 的模型规模也比较小，再加上量化后精度降低，该模型对于回答中文问题还面临一定的挑战，但

它对于英文的支持效果良好。

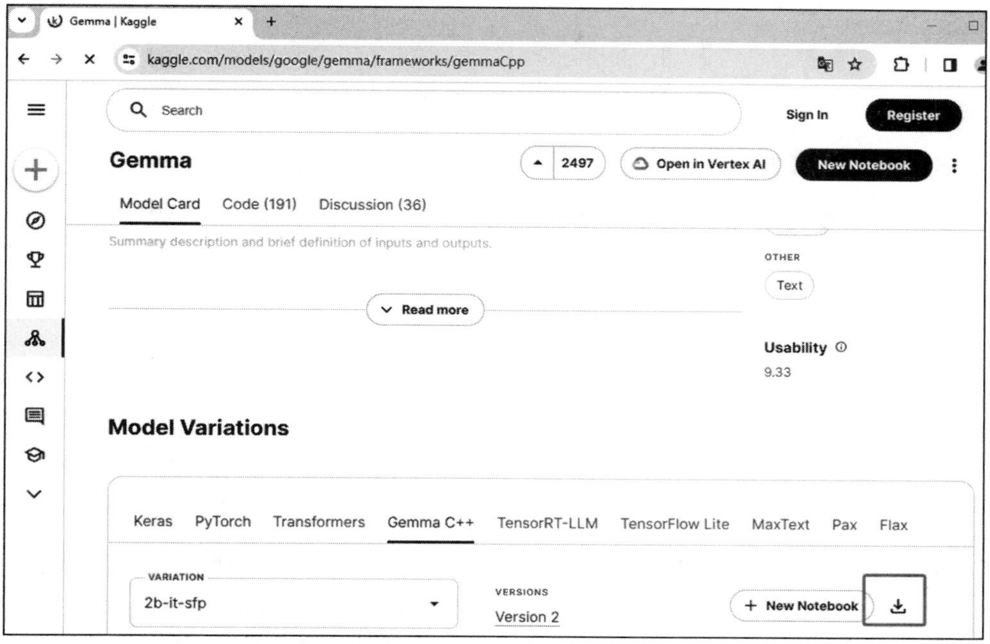

图 7-3　Gemma-2b-it-sfp 下载

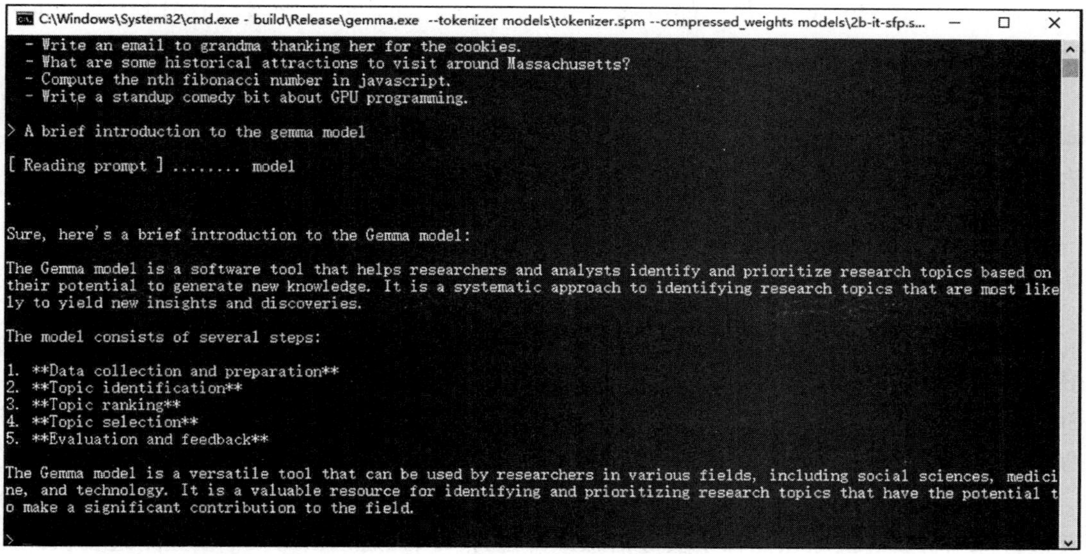

图 7-4　Gemma 量化模型推理

Chapter 8 第8章

多模态模型应用

多模态模型应用是一种先进的深度学习技术。它能对文本、图像、音频和视频等进行整合，学习不同模态之间的关联，实现文本、音频、视频之间的相互转换和生成。

图像生成是多模态模型的一个具体应用方向，是指使用AI算法生成图像的过程，这些图像包括照片、绘画、3D渲染或者是创意图像。在图像生成技术的文生图（Text-to-Image）和图生文（Image-to-Text）领域都出现了大量成熟的产品，如文生图的DALL-E2、Stable Diffusion和图生文的Flamingo等。

本章介绍Stable Diffusion的使用方法，包括安装部署过程、文生图和图生文等功能的操作步骤等。通过阅读本章，读者可以初步了解Stable Diffusion的基本概念和使用方法，为数字人制作做好技术准备。

8.1 Stable Diffusion介绍

Stable Diffusion是Stability AI开发的一种开源AI绘画工具，于2023年6月发布。它基于深度学习技术实现，用于根据文本的描述生成精细图像。通过给定的文本提示词，Stable Diffusion模型会输出一张匹配提示词的图像。而这种由文本提示词到图像生成的过程被称为“文生图”。

Stable Diffusion还可以实现图像反推的功能，即输入一张图片，Stable Diffusion会对其进行深入分析，提取出图像中关键信息，转化为一段描述该图的文字。这个过程被称为“图生文”。在此基础上，按这段文字再生成新的图像，就实现了“图生图”的过程。

至于Stable Diffusion的核心运行原理，则是将输入的噪声图像转换为目标图像。这分为前向扩散和稳定化两个关键步骤。

- 前向扩散：利用逐步引入高斯噪声的方式，模拟图像向随机状态演变的过程，将输入的噪声图像与随机噪声混合，使输出图像在保留原始特征的同时又有一些随机化特性。
- 稳定化：为了解决前向扩散过程中的不稳定性和难以控制的问题，Stable Diffusion 引入了稳定化步骤。该步骤利用一个判别网络，区分生成的图像是真实图像还是随机噪声，通过使判别网络的输出概率最大化，确保生成的图像更加稳定和可控。

8.2 Stable Diffusion 部署

8.2.1 代码获取

Stable Diffusion 部署通过 stable-diffusion-webui 完成。stable-diffusion-webui 是 stable-diffusion 的 Web 界面应用，在运行时还需要依赖一些源码库，详见表 8-1。

表 8-1 stable-diffusion-webui 依赖库

依赖库	说明
stable-diffusion-stability-ai	包含从零开始训练的 Stable Diffusion 模型
generative-models	提供 Stability AI 发布的生成模型
stable-diffusion-webui-assets	提供 stable-diffusion-webui 的样式表和字体
k-diffusion	由 PyTorch 实现的基于扩散模型生成图像的方法
BLIP	用于统一视觉语言理解和生成的一种引导视觉 – 语言预训练方法

这些库会在运行 launch.py 时被下载到 repositories 目录下，而且会按依赖关系指定相应版本，所以用户无须手动获取它们。只需要获取 stable-diffusion-webui 的代码，依赖的源码库就会由 launch.py 自行下载。

```
git clone https://github.com/AUTOMATIC1111/stable-diffusion-webui
cd stable-diffusion-webui
git checkout bef51ae
```

8.2.2 Python 虚拟环境准备

接下来创建合适的 Python 虚拟环境。stable-diffusion-webui 可以运行在 Python 的 3.10 和 3.11 版本上。如果使用 Python3.11，则在程序运行时会出现一个版本警告提示，不过这并不影响运行。

```
conda create -n stable-diffusion python=3.10 -y
conda activate stable-diffusion
```

8.2.3 依赖库安装

如前所述，安装 stable-diffusion-webui 时，除了在运行程序前安装最基本的依赖库外，launch.py 会在首次运行时下载一些依赖的源码库到 repositories 目录下。而这些库也有相应的依赖库要安装，为了提高安装速度，可以用以下命令设置全局 pypi 镜像。

```
pip config set global.index-url https://mirrors.aliyun.com/pypi/simple/
```

全局镜像的配置文件位于 C:\Users\ 用户 \AppData\Roaming\pip\pip.ini（Windows）或 ~/.config/pip/pip.conf（Linux）中。如果不再使用全局镜像，则可以删除配置文件。

安装依赖库命令如下。

```
pip install -r requirements.txt
```

安装完成后，校验 PyTorch 是否正常工作。如不正常，则可按 4.2.1 节提到的方法进行处理。

```
python -c "import torch; print(torch.cuda.is_available())"
```

8.2.4 模型下载

按以下步骤下载模型。需要注意的是，下载完的所有文件要复制到 stable-diffusion-webui/models/Stable-diffusion 的根目录下。

```
# 从 aliendao.cn 中下载 stable-diffusion-2-1 模型文件
wget https://aliendao.cn/model_download.py
python model_download.py --e --repo_id stabilityai/stable-diffusion-2-1 \
--token YPY8KHDQ2NAHQ2SG
# 下载的文件在 ./dataroot/models/stabilityai/stable-diffusion-2-1 目录下
# 将模型文件移动到 stable-diffusion-webui/models/Stable-diffusion 目录下
mv ./dataroot/models/stabilityai/stable-diffusion-2-1/* \
models/Stable-diffusion/
```

8.2.5 服务运行

按以下命令运行服务。

```
python launch.py --no-half --listen
```

其中，“ --no-half”参数的作用是禁用半精度。如果不禁用，则在一些推理卡上运行时会报错，提示为“ NansException: A tensor with all NaNs was produced in Une”。“ --listen”表示服务会监听网卡的所有 IP 地址，这样就可以从其他计算机进行访问。如果不使用这个参数，则只能用本机通过 http://127.0.0.1:7860 进行访问。服务运行后台见图 8-1。

8.3 Stable Diffusion 应用

stable-diffusion-webui 正常运行后，在浏览器中通过 http://server-llm-dev:7860 即可访问其 WebUI。

图 8-1　stable-diffusion-webui 后台

8.3.1　文生图应用

在 txt2img 选项卡的 prompt 处中输入提示词，单击“ Generate”，就会生成与提示词相匹配的图。比如，输入“A South American footballer”(一个南美足球运动员)，结果如图 8-2 所示。在实践中，用英文提示词生成的图的效果通常好于中文。

图 8-2　Stable Diffusion 文生图

8.3.2 图生图应用

在 img2img 选项卡中上传一张图片，原图如图 8-3 所示。在 prompt 处输入“only house”，则生成的图上会只出现房子，见图 8-4。

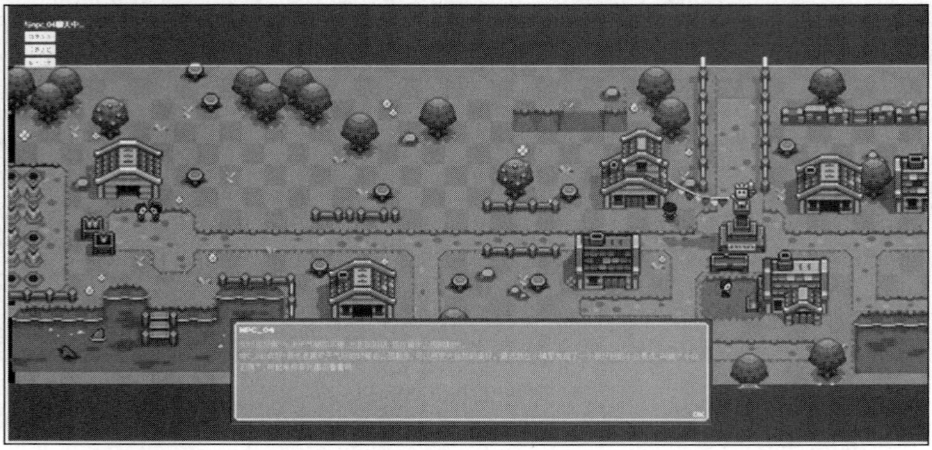

图 8-3　Stable Diffusion 图生图的原图

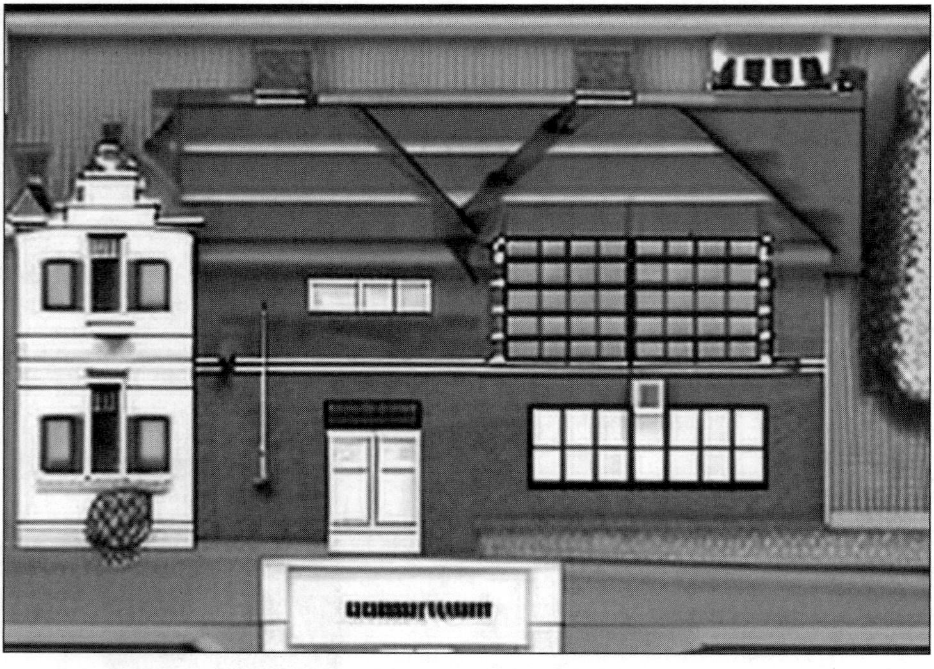

图 8-4　Stable Diffusion 图生图的目标图

开 发 篇

- 第9章　Chat应用
- 第10章　辅助编程应用
- 第11章　VS Code插件
- 第12章　检索增强生成应用
- 第13章　PDF翻译应用
- 第14章　智能代理应用
- 第15章　语音模型应用
- 第16章　数字人应用
- 第17章　提示词生成应用：从零训练模型
- 第18章　AI小镇应用

大语言模型的应用开发是指将大语言模型封装成应用，用于人们的生产生活，为其带来便利。其应用范围十分广泛，涉及与人类语言相关的方方面面。

大语言模型应用的实现涉及多方面技术。从语言介质来看，涵盖文本、语音、图像的数据类型以及三者的相互转换，还涉及语音驱动视频技术。从应用领域来看，涉及对话、翻译、文本分析、语音处理、辅助编程等方面。从编程技术来看，涉及Python、React.js、VS Code插件、Docker、游戏引擎等。从创新应用来看，包括Agent、数字人、AI小镇等新型领域。

本篇分为10章，详细讲述大语言模型在九个领域的应用开发过程，包括Chat、编程、RAG、翻译、AI Agent、语音、数字人、提示词生成、AI小镇等主题，涵盖应用的开发目标、原理及开发过程，中间穿插讲解VS Code插件的开发，丰富了应用的运行场景。

本篇中每章都阐述了样例的设计目标，详细介绍了应用的运行原理，给出了源代码、运行方法、运行结果，内容完整。各章自成体系，章与章之间无严格的阅读顺序。

- 第9章开发一个仿ChatGPT的应用，应用React.js开发技术、ChatUI组件以及大语言模型的接口调用服务，开发一个通用的Chat客户端，连接OpenAI兼容接口，调用各种大模型服务。
- 第10章开发一个辅助编程的大模型应用，安装编程专用大语言模型Stabilityai/stable-code-3b，开发API服务程序，供客户端调用，适用于输入提示、代码补全等编程场景。
- 第11章针对第10章的编程场景和API开发VS Code插件，详细说明插件的开发方法和发布步骤。第11章与第10章的知识组合到一起，就可以实现一个较完整的编程辅助工具。
- 第12章开发一个检索增强生成应用，采用LangChain组件进行应用开发，将大语言模型与基于向量的知识库进行整合，充分利用大模型的总结能力和知识库的精确命中能力，缓解大模型的幻觉问题。
- 第13章介绍基于大语言模型的PDF文件翻译应用的开发方法。先将PDF转换成HTML文件，然后用英译汉专用模型Helsinki-NLP/opus-mt-en-zh或定制大语言模型提示词，获得翻译任务的解决方案。
- 第14章将Microsoft AutoGen开发框架与国产大模型相结合，实践

AutoGen 在 AI Agent 领域的应用，涉及 Docker 环境的安装、最简运行环境测试以及多轮会话应用的开发。

- 第 15 章介绍国产大语言模型 Qwen-Audio-Chat 的安装与应用，以开发一个支持语音交互的应用实例。读者实践后能够掌握语音类大语言模型的安装过程、原理、应用开发方法。
- 第 16 章整合 SadTalker 和 coqui-ai-TTS 技术，开发一个数字人工具，实践文本生成音频、音频驱动图像生成视频的全过程。
- 第 17 章开发一个提示词生成应用，过程中需要使用 GPT-2 技术训练一个全新的预训练模型，开发一套完整的语料处理、词汇表生成、分词标记处理、训练、推理和接口程序。读者可以借此掌握 GPT 类模型的训练原理和过程。
- 第 18 章开发一个 AI 小镇，使用 React.js 和 Phaser3 开发一个简单的 RPG 风格的应用，与大语言模型相结合，以小镇为场景，实现多个角色之间的随机移动和多轮对话。

Chapter 9 第 9 章

Chat 应用

9.1 目标

基于大语言模型的 Chat 应用，是一种利用自然语言处理技术来进行对话交互的智能应用。大语言模型通过大量数据的学习和训练，能够理解自然语言表达的语义，具备智能对话的能力。当用户向 Chat 应用提出问题时，Chat 应用就会利用其学习到的知识和自然语言处理技术来理解用户的意图，然后推理生成相应的答案。本章的目标是使用 React.js 开发一个通用的 Chat 应用程序，提供对话 Web 界面，调用 ChatGLM3 项目的 OpenAI 兼容接口，编译并部署到 Nginx。

9.2 原理

9.2.1 功能概要

（1）Chat 交互界面

该应用使用 Chat 对话模式的界面，接收用户的输入内容，并将其显示到聊天记录中。大语言模型返回的结果会回写到聊天记录中。用户与大模型交流的文本用左右位置或图标进行区分。

（2）流式接口

这是指 OpenAI 兼容的流式调用方式，最早由 ChatGPT 使用，目前已成为大语言模型 Chat 应用事实上的接口标准。流式访问是一种服务端逐步推送数据、客户端逐步接收结果并显示的方法，适用于处理大量数据或长时间运行的任务。

（3）多轮会话

多轮对话是指模型把当前的问题及上文的问答情况整合到一起，形成关于问题的上下文描述。由于在多轮会话中输入的 token 较长，问题的上下文描述得比较清楚，相关语境也构建得相对完整，所以相比于单轮对话，多轮会话生成的答案更为合理。其缺点在于随着对话轮数的增加，输入的 token 越来越长，会影响大语言模型的运算效率。所以在具体实现 Chat 应用时，要对历史对话记录进行一定的限制，以防止输入 token 过长导致模型的生成性能下降。

（4）打字效果

ChatGPT 采用了模拟打字的视觉效果实现行文本的逐步生成，既保证用户能在第一时间获取生成的部分文本信息，不会觉得等待时间很长，也减少了大模型一次性生成长文本导致算力过载的情况。因此，本章所开发的应用也采用了此技术来显示文本的生成过程。打字效果的实现基于 SSE 服务端推送技术。SSE 是一种 HTML5 技术，允许服务器向客户端推送数据，而不需要客户端主动请求。它能在服务端有新消息时，将消息实时推送到前端，从而实现动态打字的聊天效果。

9.2.2 系统架构

Chat 应用是一个 B/S（Browser/Server，即浏览器 / 服务端）结构的应用。服务端由大语言模型的 OpenAI API 服务提供，客户端使用 React.js 编写，部署于 Nginx。客户端通过浏览器访问页面，在浏览器中执行 JavaScript 代码，以将用户的输入发送至服务端，渲染页面显示服务端返回的结果。

其架构图见图 9-1。

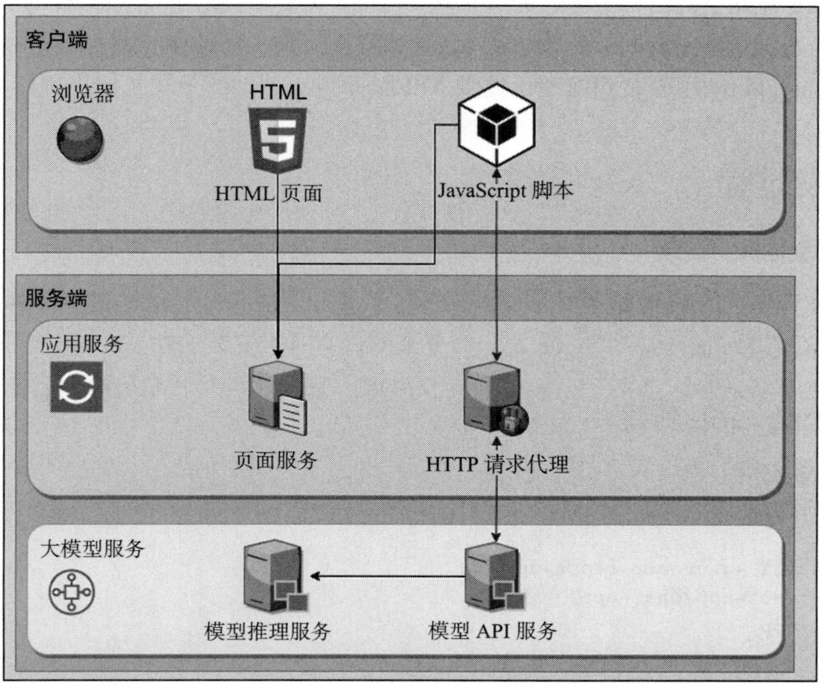

图 9-1 Chat 应用架构图

（1）大模型服务层

模型推理服务由大语言模型的代码完成，如在 ChatGLM3-6B 模型的 modeling_chatglm.py 文件中，stream_chat 函数实现了流式推理。模型 API 服务则由 ChatGLM3 项目源码中的 openai_api_demo/api_server.py 提供。

（2）应用服务层

在开发环境下由 npm 模拟一个本地应用服务，承担页面下载和请求代理的职责。而在正式运行环境中，这两个职责是由 Nginx 的页面部署服务和代理转发功能来完成的。Nginx 在配置上还要支持 SSE 推流模式。

（3）客户端浏览器层

通过运行在浏览器中的 HTML5 和 JavaScript 代码来与应用服务层交互。JavaScript 发出的 HTTP/HTTPS 请求经应用服务层转发到模型 API 服务。

9.2.3 运行原理

该应用的关键运行原理如下。

①浏览器负责展现页面，调用 OpenAI 兼容接口来获取生成内容。

② Nginx 提供页面内容以及代理调用 OpenAI 兼容接口。

③页面请求和接口调用在一个域名或“IP: 端口”内，这样可以避免跨域问题。跨域问题是指在 Web 开发中，当一个网站的客户端（前端）需要调用服务端（后端）的 API 时，请求的 URL 与页面的 URL 来自不同的域名，导致安全风险，而被浏览器拦截。

④ openai_api.py 用于装载模型，提供 API 服务。

9.3 开发过程

9.3.1 Node.js 安装

React.js 程序的开发调试要在 Node.js 环境下进行。从 https://nodejs.org/ 中下载并安装 Node.js，然后在命令行运行“node -v”命令来测试它是否安装成功。

9.3.2 chat-app 新建

（1）新建应用

新建一个名为 chat-app 的 React.js 应用，命令如下。

```
npm install -g create-react-app
create-react-app chat-app
cd chat-app
```

（2）安装组件

chat-app 用到两个第三方组件，一个是作为 Chat 界面的 ChatUI 框架，另一个是调用模型 API 服务的 Node.js 组件——openai-node。

```
npm i --save  @chatui/core
npm i --save openai
```

9.3.3 源代码

实现 Chat 页面和业务逻辑的代码在 src/app.js 中。它只有 61 行代码，下面完整展示出来。

```
import './App.css';
import React from 'react';
import '@chatui/core/es/styles/index.less';
import Chat, { Bubble, useMessages } from '@chatui/core';
import '@chatui/core/dist/index.css';
import OpenAI from 'openai';
const openai = new OpenAI({
    apiKey: 'EMPTY', dangerouslyAllowBrowser: true,
    baseURL: "http://server-llm-dev:8000/v1"
});
var message_history = [];
function App() {
    const { messages, appendMsg, setTyping, updateMsg } = useMessages([]);
    async function chat_stream(prompt, _msgId) {
        message_history.push({ role: 'user', content: prompt });
        const stream = openai.beta.chat.completions.stream({
            model: 'ChatGLM3-6B',
            messages: message_history,
            stream: true,
        });
        var snapshot = "";
        for await (const chunk of stream) {
           snapshot = snapshot + chunk.choices[0]?.delta?.content || '';
            updateMsg(_msgId, {
                type: "text",
                content: { text: snapshot.trim() }
            });
        }
        message_history.push({ "role": "assistant", "content": snapshot });
    }
    function handleSend(type, val) {
    if (type === 'text' && val.trim()) {
        appendMsg({
            type: 'text',
            content: { text: val },
            position: 'right',
        });
        const msgID = new Date().getTime();
        setTyping(true);
        appendMsg({
            _id: msgID,
```

```
                type: 'text',
                content: { text: '' },
            });
            chat_stream(val, msgID);
        }
    }
    function renderMessageContent(msg) {
        const { content } = msg;
        return <Bubble content={content.text} />;
    }
    return (
    <Chat
        navbar={{ title: 'chat-app' }}
        messages={messages}
        renderMessageContent={renderMessageContent}
        onSend={handleSend}
        />
      );
    }
    export default App;
```

9.3.4 测试

1. 启动大模型 API 服务

按照 5.1 节的方法安装 ChatGLM3-6B 模型。API 服务则由 ChatGLM3 代码库的 openai_api_demo/api_server.py 提供。在这个文件中，/v1/embeddings 接口依赖一个较小文本向量模型 BAAI/bge-large-zh-v1.5。虽然本节的应用程序中不会用到它，但为了保证程序能正常运行，建议先下载这个模型。

```
cd ChatGLM3
conda activate ChatGLM3
wget https://aliendao.cn/model_download.py
python model_download.py --e --repo_id BAAI/bge-large-zh-v1.5 \
--token YPY8KHDQ2NAHQ2SG
```

设定模型及文本向量模型文件所在位置，启动 API 服务，监听 8000 端口。

```
MODEL_PATH=./dataroot/models/THUDM/chatglm3-6b \
EMBEDDING_PATH=./dataroot/models/BAAI/bge-large-zh-v1.5 \
python openai_api_demo/api_server.py
```

2. 测试 chat-app

在客户端程序目录下运行“ npm start”命令，以启动客户端的开发环境服务。在浏览器中打开 http://localhost:3000，运行结果如图 9-2 所示。

运行发现，在 chat-app 应用中，用户可以进行流式人机对话。该应用同时支持多轮对话，也实现了打字的视觉效果。也就是说，该应用达到了原先设定的目标。

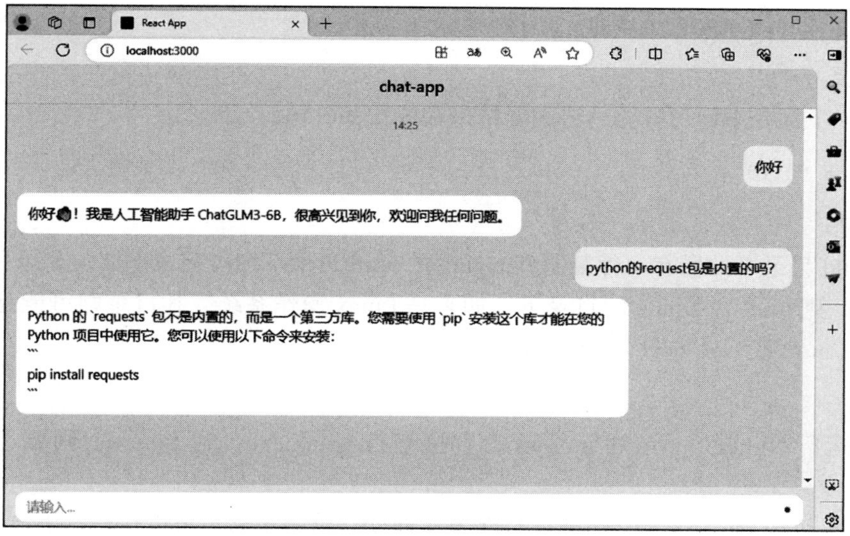

图 9-2 chat-app 运行情况

3. 界面美化

chat-app 是一个通用的 Chat 应用客户端，通过改变程序中的 apiKey 和 baseURL 参数，可以连接任意一个兼容 OpenAI 接口的大语言模型推理服务，当然包括在正确设置 apiKey 的情况下连接 OpenAI 的服务。

此时，chat-app 的界面还需要进一步美化。比如，将输入框从一行变为多行以便于输入。首先，需要在 app.js 文件的同级目录下建一个 chatui-theme.css 文件，内容如下。

```
.ChatFooter .Composer-input {
    background: white;
    max-height: 160px;
    border: 1px solid darkgray;
    min-height: 80px;
    height: auto;
}
```

然后，在 app.js 文件中的第 6 行代码 “ import OpenAI from ’ openai ’ ;” 后增加一行命令，如下所示。

```
import './chatui-theme.css';
```

之后，重新用 “npm start” 命令运行程序，就可以看到输入框变成多行了。

9.3.5 应用发布

在程序开发调试过程中，应用依赖于 Node.js，并以 “ npm start” 的方式运行。对此，可以通过编译过程，将 React.js 程序编译成脱离 Node.js 的 HTML5 和 JavaScript 文件，部署到 Nginx 等应用服务器中运行。

1. 编译

运行以下命令编译源代码，将编译结果存放在 build 目录下。

```
npm run build
```

2. 发布

将 build 目录下的所有文件复制到 Nginx 的 html 目录下即可完成部署。如果是 Windows 操作系统，则 html 在 Nginx 的目录下；如果是 Linux 操作系统，其目录则可能是 /usr/local/share/nginx/html 或 /usr/local/nginx/html。

3. 运行

首次运行 Nginx 时，在 Windows 上直接运行 nginx.exe，在 Linux 上则要运行“ sudo nginx”命令。

如果 Nginx 已运行，那么配置文件会发生改变，需要重启。可以执行以下命令。

```
sudo nginx -s reload
```

对于该命令，在 Windows 或 Linux 上的形式几乎是一样的，区别在于因为涉及权限问题，对于 Linux 系统，需要在命令前加“sudo”。

4. 应用升级

借助浏览器的缓存机制可以减少页面、JavaScript 代码的下载量。因为它会对相同请求 URL 的 HTML5 页面、JavaScript 代码进行缓存。然而，每次执行“ npm build”命令产生的文件名是固定的，这样即使代码有调整，且 Nginx 的 html 目录下的文件已更新，但由于 URL 未发生变化，浏览器仍会从缓存中加载旧版本。为了解决这个问题，可修改 package.json 中的 version 参数值，提高版本号，以编译出不同的文件名。这样浏览器会由于 URL 发生变化而忽略缓存，加载文件的最新版本。

5. SSE 配置

启动 Nginx 服务后，就可以使用诸如 http://127.0.0.1 这样不带端口的 URL 访问页面，但是可能会存在跨域问题。因为页面对应 Nginx 所在计算机的 80 端口，JavaScript 调用的是 API 服务器的 8000 端口，两者的 IP 和端口是不一样的。如果 API 服务端不处理跨域问题的话，chat-app 调 API 服务就会报跨域错误。解决的方法是在 Nginx 的 80 端口上配置一个 API 服务的路径代理。因为要支持 SSE，这个代理配置要与一般的路径代理有一定的区别。

举例来说，在 baseURL 为 http://server-llm-dev:8000/v1 的情况下，在 Nginx 的 conf/nginx.conf 中的 server 模块下增加一个 location，如下所示。

```
location /v1 {
    proxy_http_version 1.1;
    proxy_set_header Connection "";
```

```
    proxy_set_header X-Real-IP $remote_addr;
    proxy_set_header Host $host;
    proxy_set_header X-Forwarded-For $proxy_add_x_forwarded_for;
    # SSE 连接时的超时时间
    proxy_read_timeout 86400s;
    # 取消缓冲
    proxy_buffering off;
    # 关闭代理缓存
    proxy_cache off;
    # 禁用分块传输编码
    chunked_transfer_encoding off;
    # 反向代理到 SSE 应用的地址和端口
    proxy_pass http://server-llm-dev:8000/v1;
}
```

重启 Nginx，将 app.js 中的 baseURL 由 http://server-llm-dev:8000/v1 更改为 http://127.0.0.1/v1。重新编译部署后，即可发现跨域问题得以解决。

Chapter 10

第 10 章 辅助编程应用

大语言模型的基本能力是预测（predict），即根据提示词生成后续的文本，进行补全。这种能力也可以称为推理（inference）或生成（generate）。predict、inference、generate 这三个词语在大语言模型的应用代码或描述中很常见，在一般情况下表达的是相同的意思，并不严格区分。

在 ChatGPT 出现之前，文本补全是大语言模型的主流应用方向，最成功的产品当属 GitHub Copilot。GitHub Copilot 是一款 AI 编程助手，可帮助开发者更快、更省力地编写代码，从而将更多精力集中在问题解决和协作上。GitHub Copilot 会在开发者键入时提供编程建议，有时是针对当前代码行的补全，有时是提供全新的代码块。[1]GitHub Copilot 的功能非常强大，但需要付费使用。而在开源大语言模型大量出现后，开发者通过训练编程模型、开发 VS Code 插件，推出了很多模仿或声称能替换 GitHub Copilot 的产品，比如 Salesforce AI Research 发布的 Codegen[2]及 Llama Code[3]等。

此外，由 Stability AI 公司发布的 Stable Code 3B 模型的能力也很强。它拥有 30 亿参数，专注于辅助代码编写任务，不仅能够在多种编程语言上提供准确和及时的代码补全，还能够填充代码中的缺失部分，甚至生成整个函数或组件，而且可以在没有专用 GPU 的普通笔记本计算机上运行。

本章将进行对于 Stable Code 3B 的 API 接口的开发实践，方便后续的客户端调用（在第 11 章中要开发一个 VS Code 插件来调用 Stable Code 3B 的服务，形成一个类似于 Copilot 的产品）。通过第 10、11 章这两章的学习，读者能够了解编程大模型应用的完整开发过程。

[1] https://docs.github.com/zh/copilot/about-github-copilot。

[2] https://github.com/salesforce/CodeGen。

[3] https://llama-2.ai/llama-code/。

10.1　目标

Stable Code 3B 是一个代码补全模型，该模型本身并不提供面向 Web 客户端的 API 调用实现，只提供了生成方法。本章对这一生成方法进行封装，开发出一个兼容 OpenAI 的 Chat 服务接口的 API，使得客户端更易于实现远程访问。并且，通过第 9 章开发的 Chat 应用客户端，用户可直接调用该 API。

10.2　原理

10.2.1　功能概要

作为一个大语言模型推理服务的提供者，同时对外提供 OpenAI 兼容服务的 API，它需要具备以下功能。

- 模型装载：使用 Transformers 库装载 Stable Code 3B 模型到 GPU 内存，以提供生成服务。
- OpenAI 接口规范：按照接口规范，使用 HTTP 监听 /v1/chat/completions 等请求路径，处理 request 和 response 报文。
- SSE 访问：实现渐进式生成内容，使用 SSE 协议逐步向客户端推送增量内容。
- 停止生成策略：Stable Code 3B 模型如果不主动中断其推理过程，则会不断地生成新的内容，因此需要确定停止策略，在停止条件满足的情况下结束推理过程。

10.2.2　系统架构

辅助编程应用包括客户端和大模型 API 服务端，客户端发起包含编程提示词的 HTTP 请求，服务端接收到请求后，解析 request，将推理任务委派给 predict 函数后，给客户端返回 SSE 事件流消息。predict 函数循环调用模型提供的 generate 方法，将新生成的内容推送给客户端，直到触发停止策略。其架构见图 10-1。

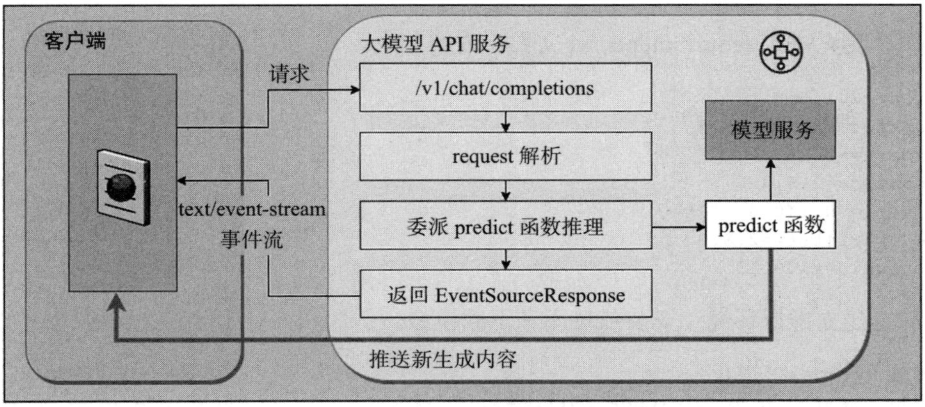

图 10-1　辅助编程应用架构图

10.2.3 运行原理

该应用的基本运行原理如下。

1）客户端：客户端实现提示词的输入和返回结果的展示，通过 OpenAI 兼容接口调用 API 服务，在收到新生成内容后呈现更新的内容。

2）模型服务：使用 Transformers 库的 AutoModelForCausalLM 装载 Stable Code 3B 模型，响应 generate 方法调用。

3）调用过程如下。

① /v1/chat/completions 接受客户端请求。

②解析 request 消息，分解出 prompt、role、max_length 等生成参数。

③将生成过程委派给异步函数 predict。

④向客户端返回 EventSourceResponse。

⑤ predict 调用模型的 generate 方法，以该方法返回的文本作为下一次的 generate 入参，循环调用，向客户端推送增量内容，并在触发停止策略后停止生成。

10.3 开发过程

客户端的实现方法在第 9 章已介绍过。本节以 React.js 开发为例，通过一个 openai.beta.chat.completions.stream 实例来处理请求及接收 SSE 响应等功能。过程中主要介绍 API 服务端是如何开发的。

10.3.1 开发环境准备

首先，建一个测试目录，命令如下。

```
mkdir stable-code
cd stable-code
```

其次，建立一个 requirements.txt 文件，内容如下。

```
torch==2.1.0
transformers>=4.38.1
uvicorn==0.28.0
pydantic==2.6.4
fastapi==0.110.0
sse_starlette==2.0.0
shortuuid==1.0.13
```

然后，建立虚拟环境，安装依赖库和下载模型。

```
# 创建 Python 虚拟环境
conda create -n stable-code python=3.10 -y
conda activate stable-code
```

```
# 安装依赖库
pip install -r requirements.txt \
-i https://pypi.mirrors.ustc.edu.cn/simple \
--trusted-host=pypi.mirrors.ustc.edu.cn
# 验证 PyTorch
python -c "import torch; print(torch.cuda.is_available())"
# 如果验证失败，则请参考 4.2.1 节，且 PyTorch 要装 2.1.0 版本的
# 下载模型
# 从 aliendao.cn 中下载 stable-code-3b 模型文件
wget https://aliendao.cn/model_download.py
python model_download.py --e --repo_id stabilityai/stable-code-3b \
--token YPY8KHDQ2NAHQ2SG
# 下载后的文件在 ./dataroot/models/stabilityai/stable-code-3b 目录下
```

10.3.2 测试模型准备

模型下载后，先把 Stable Code 3B 模型的官方示例程序稍微调整一下，用于测试代码生成效果。示例文件名为 stable-code-inference.py，文件内容如下。

```
import torch
from transformers import AutoModelForCausalLM, AutoTokenizer
model_path = "./dataroot/models/stabilityai/stable-code-3b"
tokenizer = AutoTokenizer.from_pretrained(model_path)
model = AutoModelForCausalLM.from_pretrained(
    model_path,
    torch_dtype="auto",
)
model.cuda()
inputs = tokenizer("import torch\nimport torch.nn as nn",
                    return_tensors="pt").to(model.device)
tokens = model.generate(
    **inputs,
    max_new_tokens=256,
    temperature=0.2,
    do_sample=True,
)
print(tokenizer.decode(tokens[0], skip_special_tokens=True))
```

将 Stable Code 3B 模型使用 AutoModelForCausalLM 从本地装载到 CUDA 设备，以“import torch\nimport torch.nn as nn”为提示词，调用 model.generate 进行推理。它生成的 token 是一个数组，用 Tokenizer 对其进行解码，并获取第一条解码后的程序片段。对此，执行以下命令。

```
conda activate stable-code
python stable-code-inference.py
```

结果如图 10-2 所示。

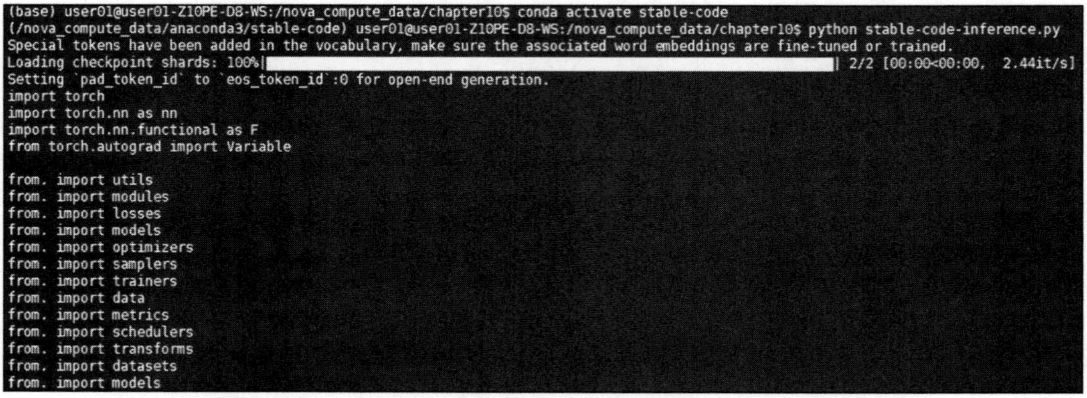

图 10-2 Stable Code 3B 推理结果

如果报错提示为“RuntimeError: cutlassF: no kernel found to launch”，则需要确保 PyTorch 的版本是 2.1.0。如果版本不对，则需要先将当前版本的 PyTorch 卸载后重新安装，命令如下。

```
pip uninstall torch -y
pip install torch==2.1.0 torchvision==0.16.0 torchaudio==2.1.0 \
--index-url https://download.pytorch.org/whl/cu121
```

10.3.3 API 服务实现

本节介绍开发 API 服务程序 code-api.py 的实现过程。它装载 Stable Code 3B 模型，采用流式生成方式，为客户端提供兼容 OpenAI 的 Chat 服务接口。由于代码中涉及大量接口报文标准的模板式代码，本节不展示完整代码，而对其进行适当剪裁。若需要查看完整代码，则请查看配套的网上资源：https://github.com/little51/llm-dev/blob/main/chapter10/code-api.py。

1. 模型装载

使用 AutoModelForCausalLM 将 Stable Code 3B 模型装载到 CUDA 设备中，开启评估模式。

```
model_path = "./dataroot/models/stabilityai/stable-code-3b"
tokenizer = AutoTokenizer.from_pretrained(
        model_path, trust_remote_code=True)
model = AutoModelForCausalLM.from_pretrained(
        model_path, trust_remote_code=True).cuda()
model.eval()
```

2. HTTP 监听

使用 uvicorn 监听来自 8000 的 HTTP 请求。

```
@asynccontextmanager
async def lifespan(app: FastAPI):
    yield
```

```
    if torch.cuda.is_available():
        torch.cuda.empty_cache()
        torch.cuda.ipc_collect()
app = FastAPI(lifespan=lifespan)
uvicorn.run(app, host='0.0.0.0', port=8000, workers=1)
```

为了防止客户端跨域，加入 CROS 中间件。

```
app.add_middleware(
    CORSMiddleware,
    allow_origins=["*"],
    allow_credentials=True,
    allow_methods=["*"],
    allow_headers=["*"],
```

按照 OpenAI 接口协议，响应 /v1/chat/completions 和 /v1/models 请求。协议中还有一个 /v1/embeddings 请求，但本例未用到，可忽略。

```
@app.get("/v1/models", response_model=ModelList)
async def list_models():
    global model_args
    model_card = ModelCard(id="stable-code-3b")
    return ModelList(data=[model_card])

@app.post("/v1/chat/completions",response_model=ChatCompletionResponse)
async def create_chat_completion(request: ChatCompletionRequest):
    # 解析报文
    if request.messages[-1].role != "user":
        raise HTTPException(status_code=400, detail="Invalid request")
    query = request.messages[-1].content
    prev_messages = request.messages[:-1]
    if len(prev_messages) > 0 and prev_messages[0].role == "system":
        query = prev_messages.pop(0).content + query
    history = []
    if len(prev_messages) % 2 == 0:
        for i in range(0, len(prev_messages), 2):
            if prev_messages[i].role == "user" and \
                prev_messages[i+1].role == "assistant":
                history.append([prev_messages[i].content,
                                prev_messages[i+1].content])
    # 委派给 predict 函数
    generate = predict(query, history, request.model)
    # 返回 EventSourceResponse
    return EventSourceResponse(generate, media_type="text/event-stream")
```

3. 接口协议

接口协议报文的封装是为了便于解析 request 和组织 response。以发起的 request 报文为例，其对应的协议封装类如下所示。

```
class ChatCompletionRequest(BaseModel):
    model: str
    messages: List[ChatMessage]
    temperature: Optional[float] = None
    top_p: Optional[float] = None
    max_length: Optional[int] = None
    stream: Optional[bool] = False
```

ChatCompletionRequest 类里定义了 model（模型 ID）、messages（包含交互历史的消息）、temperature（温度系数）、top_p（概率阈值）、max_length（最大长度）等生成文本参数，以及是否支持流（stream）等参数。其他的类包括 ChatCompletionResponseChoice、ChatCompletionResponseStreamChoice、ChatCompletionResponse、CompletionRequest 等，此处不一一列出。

4. SSE 封装

SSE 向客户端推送消息可分为三个阶段，分别为发送消息头（一次）、发送消息内容（多次）和发送停止消息（一次）。三个阶段的实现过程是类似的，都是用 ChatCompletionResponseStreamChoice 组织信息，用 ChatCompletionResponse 生成 chunk，最后用 yield 命令执行推送动作。但不同阶段中推送内容里的 role 和 finish_reason 字段有所不同，若将这些代码都放到一起，则可读性太差，所以将其分解到三个任务明确的函数中。

（1）生成消息头 chunk

```
def predict_chunk_head(model_id):
    choice_data = ChatCompletionResponseStreamChoice(
        index=0,
        delta=DeltaMessage(role="assistant", content=""),
        finish_reason=None
    )
    chunk = ChatCompletionResponse(model=model_id, choices=[
                                          choice_data], \
object="chat.completion.chunk")
    return chunk
```

（2）生成消息体 chunk

```
def predict_chunk_content(model_id, new_content):
    choice_data = ChatCompletionResponseStreamChoice(
        index=0,
        delta=DeltaMessage(content=new_content),
        finish_reason=None
    )
    chunk = ChatCompletionResponse(model=model_id, choices=[
        choice_data], object="chat.completion.chunk")
    return chunk
```

（3）生成停止消息 chunk

```
def predict_chunk_stop(model_id):
    choice_data = ChatCompletionResponseStreamChoice(
```

```
            index=0,
            delta=DeltaMessage(content=""),
            finish_reason="stop"
        )
        chunk = ChatCompletionResponse(model=model_id, choices=[
                                                choice_data],\
    object="chat.completion.chunk")
        return chunk
```

在 chunk 生成后，用 yield 命令执行推送动作。

```
yield "{}".format(chunk.model_dump_json(exclude_unset=True))
```

整个过程结束后，用以下命令推送 SSE 结束标志。

```
yield '[DONE]'
```

5. 模型生成过程

与 Stable Code 3B 模型直接交互的是模型的 generate 方法，它将文本提示词转化成数字表示，调用 model.generate 生成结果。每次生成的结果长度由 max_new_tokens 设定，为了减少生成时的卡顿感，这个参数不能太长，本例中设为 16。stopping_criteria 参数用于设定一个停止条件，当新生成内容遇到指定字符时，则停止生成。这样生成的内容一般会短于 max_new_tokens 的值，如本例中的停止词是“}”和“###”，如果生成的内容包含这两个词，则不继续生成，所以除非生成的内容恰好以“}”和“###”结尾，否则其长度肯定小于 16。

```
def generate(prompt, max_new_tokens):
    global model, tokenizer
    inputs = tokenizer(prompt, return_tensors="pt").to("cuda")
    tokens = model.generate(
        **inputs,
        max_new_tokens=max_new_tokens,
        temperature=0.7,
        do_sample=True,
        stopping_criteria=StoppingCriteriaList([StopOnTokens()]),
        pad_token_id=tokenizer.eos_token_id
    )
    new_response = tokenizer.decode(tokens[0], skip_special_tokens=True)
    return new_response

class StopOnTokens(StoppingCriteria):
    def __call__(self, input_ids: torch.LongTensor, scores: \
torch.FloatTensor, **kwargs) -> bool:
        stop_words = ['}', '###']
        stop_ids = [tokenizer.encode(w)[0] for w in stop_words]
        return input_ids[0][-1] in stop_ids
```

6. 推理过程

模型的 generate 方法实现的是单次生成。实际应用时，从性能和用户体验方面考虑，模型不应该一次性完成结果生成，而要采用渐进式生成方式。具体来说，按 max_new_tokens 设定的长度限制，先生成一小段内容，推送给客户端进行显示，然后把之前生成的全部内容作为参数，继续调用模型的 generate 方法生成接下来的内容，字符数量为 max_new_tokens 值，依此类推。

如何判断停止生成内容？对此，只用停止词是不够的。因为即使本次生成过程中触发了停止条件而不再生成，但调用 generate 方法的函数仍会循环调用，所以要综合考虑以下几种手段。

- 停止词：判断新生成的内容长度是否小于 max_new_tokens（可能出现漏判）。
- Markdown 的 code 标志：因为 Stable Code 3B 是一个编程模型，所以它生成的内容往往包括 Markdown 格式中的 code 标志——“```”。这个标志是成对出现的，两个“```”中间的那段文本是代码，因此可以通过是否出现两个“```”来确定是否停止生成。
- 重复内容：不断生成重复内容是大语言模型应用不当导致的常见问题。本例中，如果判断新生成的内容已在已生成的内容中存在，则将其认定为重复内容，就停止生成。因为每次生成 16 个字符，正常情况下内容重复的概率极低，所以误判的可能性很小。
- 总长度限制：如果以上判断方法都失效或对应现象未发生，那么最后一道关卡是限制生成的总长度。如本例中将总长度设定成 512，一旦生成的文本总长度超过这个数就会被强制停止。

10.3.4 测试

1. API 服务端运行

API 服务端文件名为 code-api.py，在 stable-code 虚拟环境中运行。

```
conda activate stable-code
python code-api.py
```

运行结果见图 10-3。

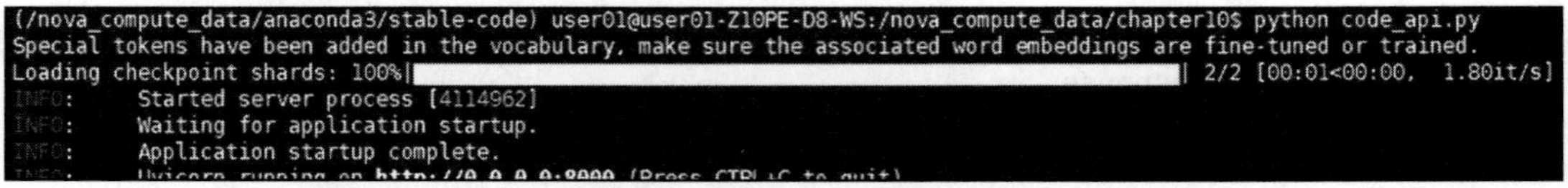

图 10-3 辅助编程应用的 API 服务运行情况

2. 客户端测试

将第 9 章的样例 chat-app 的 app.js 中的 baseURL 按照 code_api.py 监听的 IP 和端口进行修改，然后执行“npm start”命令，再在浏览器中打开 http://localhost:3000 进行测试，结果如图 10-4 所示。

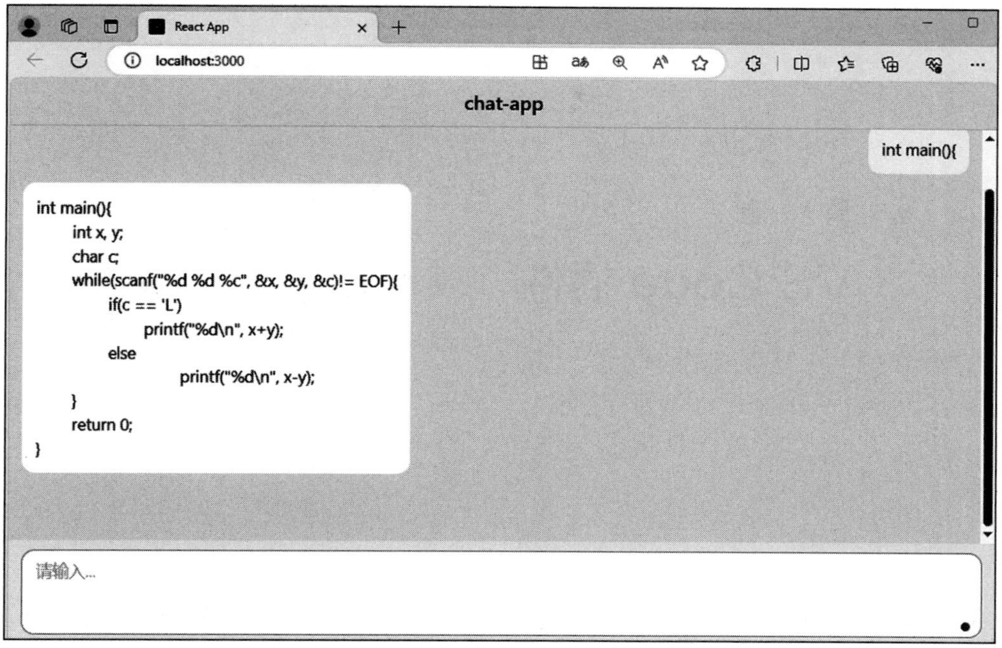

图 10-4　辅助编程应用客户端

Chapter 11 第 11 章

VS Code 插件

第 10 章为 Stable Code 3B 大模型提供了一个 API 服务层，从而允许客户端调用 OpenAI 兼容接口，由此制作了一个简易的代码生成器。然而，由于该代码生成器是在浏览器端运行的，并未与编程 IDE 整合，而是通过 Chat 工具测试补全代码。但此时 Chat 与代码编写这两种应用方式并不兼容，该工具也缺乏实用性，若将代码生成器内置到 VS Code 中，制作成一个插件，使得在编写代码时可以直接调用大模型生成补全内容，将两者场景融合在一起，那么该插件与 GitHub Copilot 的使用方式一致，也更符合程序员的操作习惯。因此，本章的任务是开发这样一个 VS Code 插件，利用 Stable Code 3B 的代码补全能力，起到类似于 GitHub Copilot 的作用。

11.1 目标

本章的开发目标是创建一个与 GitHub Copilot 功能相似的编程助手。在这个工具中，后台代码生成由 Stable Code 3B 来实现，而代码编辑则在 VS Code 中进行，通过插件调用后台 API 获取生成的补全代码，并将其显示在光标下的内联补全项目（Inline Completion Item）中。开发者可以通过按下 “TAB” 键来接受插件生成的补全代码。在第 10 章中，我们已经提供了后台代码的 API 服务，因此本章的开发任务是实现 VS Code 插件部分。

11.2 原理

11.2.1 功能概要

VS Code 是一款由微软推出的开源跨平台代码编辑器，支持多种编程语言和文件格式。其代码补全插件功能可以帮助开发者提高编程效率，自动补全代码片段、方法名、变量名等，减少输入错误和提高代码质量。在 VS Code 中，代码补全插件通常通过安装扩展来实现。一些常用的代码补全插件如下。

- 内置基础插件：VS Code 内置的代码智能感知功能，可以根据当前上下文自动提示代码补全选项。
- 特定语言插件：如 JavaScript (ES6) code snippets 提供了一系列针对 JavaScript（ES6）的代码片段，可以快速生成常用的代码模板；Python extension 针对 Python 开发者的扩展，提供了代码补全、调试等功能。
- GitHub Copilot 插件：由 GitHub 和 OpenAI 合作开发的人工智能编程助手工具，根据当前的代码上下文和注释，快速生成代码片段或函数，并提供可能的实现方式。

本章开发的插件也属于代码补全类型，它所提供的功能如下。

1）唤起方式：当开发者在 VS Code 中输入“:”时，插件开始显示补全提示，这相当于在 Python 中定义一个函数后，以冒号结束，当准备写函数体时，补全提示会被唤起，如“def Hello_world():”。

接下来补全提示出现，开发者按“TAB”键来选择接受提示或不予理会。在 VS Code 的插件实现中，不需要设定专门的唤起条件，只要有字符键入，就会触发内联补全项目获取的提供者（Inline Completion Item Provider），只不过出于对程序性能的考虑或为了精简代码，对唤起条件进行了限定。

2）补全提示获取：以当前编辑的行的全部文本为提示词，调用后台大模型的 API，获取补全信息。从第 10 章可知，API 服务是一种异步调用机制，采用了 SSE 推流模式，在插件编程中，要把这种异步方式封装为同步调用方式，因为内联补全项目不能逐步生成，只能一次性生成。

3）缓存机制：大语言模型推理比较耗时，从插件中直接调用 API 返回补全信息的体验太差，所以在插件和 API 中间要加一层缓存机制，缓存的 key 是提示词，value 是补全信息，只有缓存未命中时才调大模型服务，大模型 API 返回的补全信息被写入缓存。出于简化目的，本章示例直接用了一个本地字典变量实现缓存，其缺点在于 VS Code 重启后缓存会失效，如果要采用本章方法开发一个对外发布的产品，则应使用 Redis[⊖]之类的专业缓存解决方案。

11.2.2 系统架构

代码补全工具由两个部分组成，一部分是后台的大语言模型 Stable Code 3B，以 API 方式提供代码生成服务；另一部分是运行在 VS Code 里的插件。编辑器唤起代码提示后，在缓存里查询内联补全项目，如果未命中缓存，则调用大模型 API 服务进行生成，将生成的结果写入缓存供下次使用。其架构如图 11-1 所示。

⊖ https://redis.io/，一种开源的内存缓存服务。

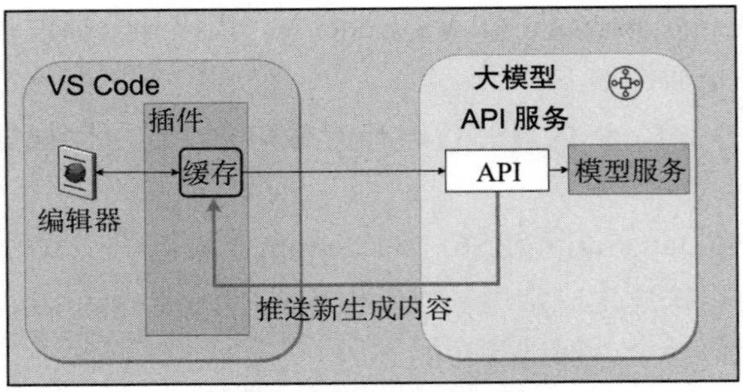

图 11-1　代码补全工具架构

11.2.3　运行原理

按照 VS Code 开发规范，插件的生命周期包括 activate 和 deactivate 两个方法。deactivate 方法在 VS Code 关闭时执行清理任务，在本例中的 deactivate 方法可以不执行任何操作。activate 方法在插件被激活时触发，此时仅会被 VS Code 调用一次。在本例的 activate 方法中，调用 registerInlineCompletionItemProvider 注册一个内联补全项目获取提供者 InlineCompletionItemProvider。这个提供者的 provideInlineCompletionItems 方法会在任意字符键入编辑器时触发。这个函数用于判断是否唤起提示、管理缓存和调用后台 API 服务，如图 11-2 所示。

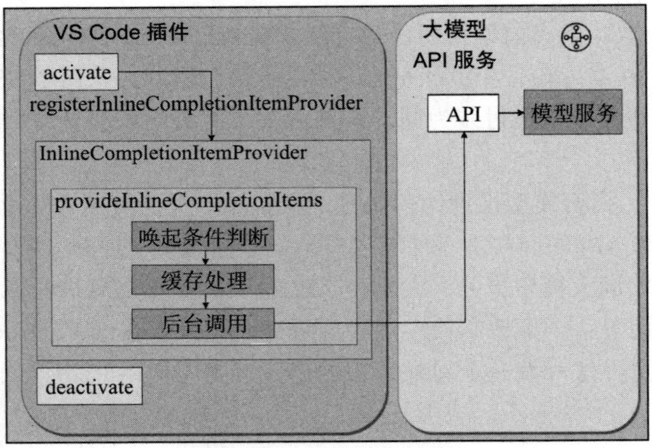

图 11-2　代码补全工具原理

11.3　开发过程

VS Code 插件开发可以使用 Yeoman 工具[⊖]。Yeoman 是一个用于快速搭建项目框架的工具，可帮助开发者快速生成项目的基础结构和文件，提高开发效率。

⊖ https://yowebapp.github.io/。

11.3.1 环境准备与项目创建

Yeoman 运行需要 Node.js 支持，因此先要安装好 Node.js。Node.js 的安装过程参见 9.3.1 节。接下来具体了解如何创建 Yeoman 项目。

1. 创建 Yeoman 项目

```
# 安装 Yeoman
npm install -g yo
yo code
? What type of extension do you want to create? New Extension (TypeScript)【回车确认】
? What's the name of your extension? stable-coder【项目名称】
? What's the identifier of your extension? stable-coder【项目标识】
? What's the description of your extension?【项目描述】
? Initialize a git repository? n【初始化 git 仓库】
? Bundle the source code with webpack? y【用 webpack 打包】
? Which package manager to use? npm【包管理工具】
```

2. 修改 package.json

在运行项目生成的框架代码前，需要修改 package.json 中的 engines 配置项。这个值表示插件要求的 VS Code 最低版本，修改后要确保当前的 VS Code 版本高于或等于 engines 值。如果 engines 值大于当前 VS Code 版本号，则插件无法成功调试运行。

如将 engines 修改为 “ "engines": { "vscode": "^1.70.3"} ”，那么还有一处也要修改，即 “ "devDependencies":"@types/vscode": "^1.70.3" ”，否则会出现插件调试正常，但打包报错的情况。

3. 调试项目

按 F5 键开始运行，此时会打开另一个 VS Code 用于调试。按 “Ctrl+Shift+P” 键，输入 “helloWorld” 搜索命令，单击“命令运行”后，在 VS Code（注意是用于编辑源码的 VS Code，而不是新打开的用于调试的 VS Code）的调试控制台会显示以下信息，这说明运行成功。

```
Congratulations, your extension "stable-coder" is now active!
```

4. 框架代码解析

插件的源码在 extension.ts 文件中。当插件被任意事件激活时，VS Code 仅会调用一次 activate 方法，而 deactivate 方法会在 VS Code 关闭时执行清理任务。在 activate 方法中调用 registerCommand 注册启动命令；当执行命令时，调用 showInformationMessage 在 VS Code 的右下角显示信息；用 console.log 将调试日志输出到调试控制台。

11.3.2 插件开发

开发过程中涉及 package.json 配置文件和代码文件 extension.ts。

1. 修改激活事件

Yeoman 生成的框架代码中，激活事件是执行 “stable-coder.helloWorld” 命令。但是对于一个代码补全插件，这个激活方法其实很少用到，所以在 package.json 中将 activationEvents 改成按语言激活，即遇到相应语言的源码文件时激活插件。修改内容如下。

```
"activationEvents": [
        "onLanguage:python",
        "onLanguage:typescript",
        "onLanguage:javascript",
        "onLanguage:java",
        "onLanguage:c",
        "onLanguage:cpp",
        "onLanguage:go"
    ],
```

将原来“contributes->commands”的内容清空。

```
"contributes": {
        "commands": []
    },
```

2. 大模型调用

调用大语言模型 API 要使用 openai-node 组件，使用前要用 npm 安装。

```
npm install openai -s
```

调用过程的代码如下。

```
import * as vscode from 'vscode';
import OpenAI from 'openai';


const openai = new OpenAI({
        apiKey: 'EMPTY', dangerouslyAllowBrowser: true,
        // Stable Code 3B 模型 API 服务的 URL
        baseURL: "http://server-llm-dev:8000/v1"
});

// 缓存字典项
let cache: { [key: string]: string } = {};

async function chat_stream(prompt: string) {
    const stream = openai.beta.chat.completions.stream({
        model: 'stable-code-3b',
        messages: [{ role: 'user', content: prompt }],
        stream: true,
    });
    var snapshot = "";
    for await (const chunk of stream) {
        snapshot = snapshot + chunk.choices[0]?.delta?.content || '';
    }
    return snapshot;
}
```

3. 注册内联补全提供者

在 activate 中用 registerInlineCompletionItemProvider 注册内联补全提供者 PromptProvider，匹配模式是“**”。这也就是说，只要编辑文件的内容发生改变，就会调用 PromptProvider。

```
export function activate(context: vscode.ExtensionContext) {
    let statusBarItem = vscode.window.createStatusBarItem
        (vscode.StatusBarAlignment.Right, 100);
    statusBarItem.text = `$(chip) stable-coder`;
    statusBarItem.show();
    context.subscriptions.push(statusBarItem);

    const provider = new PromptProvider(statusBarItem, context);
    let disposable = vscode.languages.
        registerInlineCompletionItemProvider
        ({ pattern: '**', }, provider);
    context.subscriptions.push(disposable);
}
```

4. 实现内联补全提供者

```
export class PromptProvider implements
    vscode.InlineCompletionItemProvider {

    statusbar: vscode.StatusBarItem;
    context: vscode.ExtensionContext;

    constructor(statusbar: vscode.StatusBarItem,
        context: vscode.ExtensionContext) {
        this.statusbar = statusbar;
        this.context = context;
        console.log("stable-coder init");
    }

    async provideInlineCompletionItems(
        document: vscode.TextDocument,
        position: vscode.Position,
        context: vscode.InlineCompletionContext,
        token: vscode.CancellationToken):
        Promise<vscode.InlineCompletionItem[] |
            vscode.InlineCompletionList | undefined | null> {
        // 获取当前行文本
        const textBeforeCursor = document.getText(
            new vscode.Range(position.with(undefined, 0), position)
        );
        // 只有在编辑器中输入冒号时，才会获取补全信息
        if (!textBeforeCursor.endsWith(":")) {
            return;
        }
        const items = new Array<vscode.InlineCompletionItem>();
        var llm_result = "";
```

```
            // 判断是否命中缓存，未命中则调用大模型
            if (textBeforeCursor in cache) {
                llm_result = cache[textBeforeCursor];
            } else {
                llm_result = (await chat_stream(textBeforeCursor))
                    .replace(textBeforeCursor, "");
                cache[textBeforeCursor] = llm_result;
            }
            items.push({ insertText: llm_result });
            return items;
        }
    }
```

5. 测试

按“F5”键在调试模式下运行插件。新增或打开一个 Python 文件，在编辑过程中输入冒号，则会显示补全提示，见图 11-3。

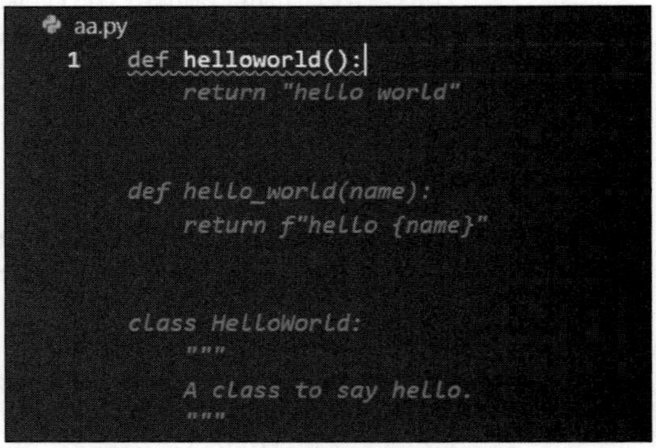

图 11-3　代码补全工具测试

11.3.3　插件发布

1. 打包

VS Code 使用 vsce 打包，而 vsce 工具要用 npm 安装。在 vsce 安装完成后可运行“vsce package”命令进行打包。

```
npm install -g vsce
vsce package
```

如果未修改过项目的 README.md，那么打包时会报以下错误。

```
ERROR  Make sure to edit the README.md file before you package or publish your
    extension.
```

对 README.md 进行修改，其内容要包括特性、版本等信息（可逐步完善）。

README.md 是一个 Markdown 文件，可用专用的编辑器（如 Typora 等）进行编辑，也可以作为文本文件进行编辑，内容举例如下。

```
# stable-coder README
stable-coder，是一个基于 Stable Code 3B 大模型的代码补全插件。
## 特征
1. 调用 Stable Code 3B 大模型 API 生成补全内容
2. 插件内置了缓存机制，以本行文本内容为 key，以补全内容为 value
## 发行说明
### 0.0.1
首次发布
```

修改 README.md 后，执行“vsce package”命令就不会报错了。然后，忽略 repository

和 LICENSE 的警告，就可以编译生成发布包文件 stable-coder-0.0.1.vsix。

2. 发布

VS Code 使用 Azure DevOps[1]来管理插件，并通过个人访问令牌（token）[2]发布插件。首先，在 Azure DevOps 上创建一个组织（organization），然后创建一个项目（project），再创建个人访问令牌。注意这里的权限范围应选择 MarketPlace → Manage。

publisher 表示账号具有将插件发布到 VS Code 插件市场的身份权限，每个插件都需要在 package.json 里包含 publisher 这个字段。所以，接下来需要创建一个 publisher[3]。这里使用上一步创建的个人访问令牌的微软账号。该 publisher 需要和 package.json 里的 publisher 字段保持一致。

用以下命令验证，需要使用个人访问令牌。

```
vsce login <publisher name>
```

用以下命令进行发布。

```
vsce publish
```

发布过程如图 11-4 所示。

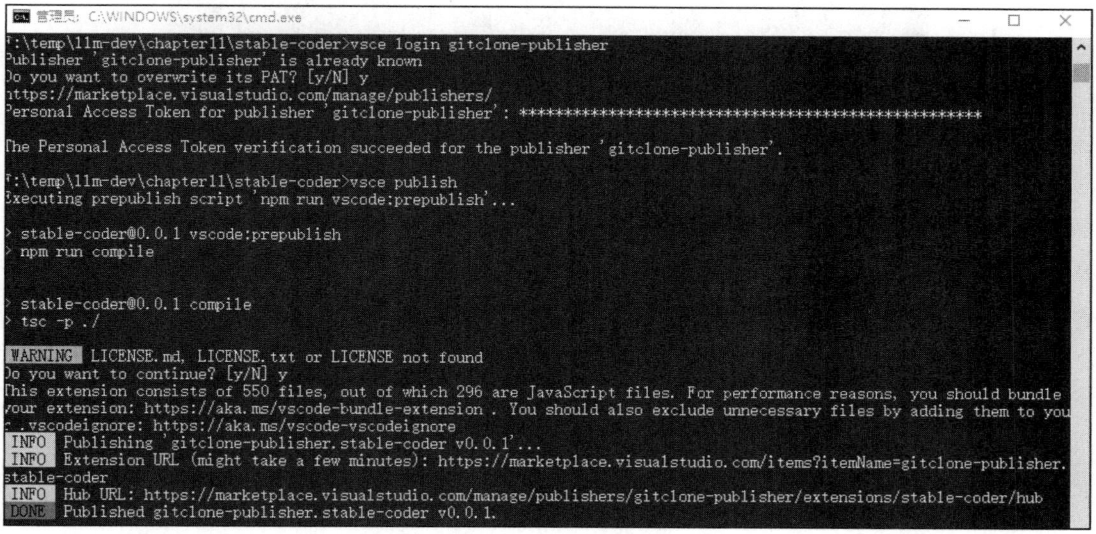

图 11-4　VS Code 插件发布

发布完成后，可在 https://marketplace.visualstudio.com/manage/publishers/ 查询发布结果，

[1] https://azure.microsoft.com/zh-cn/products/devops/。

[2] https://learn.microsoft.com/zh-cn/azure/devops/organizations/accounts/use-personal-access-tokens-to-authenticate?view=azure-devops&tabs=Windows。

[3] https://marketplace.visualstudio.com/manage/publishers。

如图 11-5 所示。

发布成功后，在 VS Code 的“扩展”项目中，用 stable-coder 查询插件，即可安装。如图 11-6 所示。

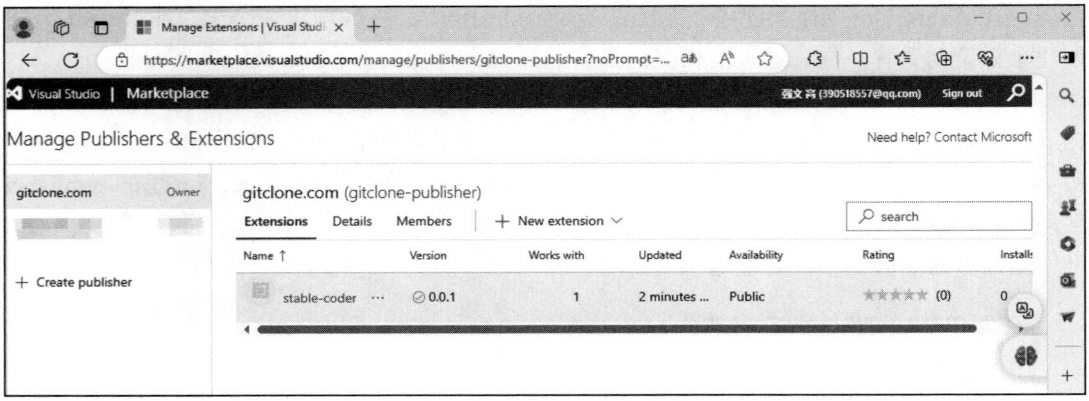

图 11-5 VS Code 插件管理

图 11-6 VS Code 插件安装

第 12 章 Chapter 12

检索增强生成应用

大语言模型的训练通常有一定的时效性，因为对原始知识的收集有明确的时间范围，而训练语料也不可能囊括所有知识点，所以在应用中还存在一些短板，比如，模型对最近热点、地方性政策、参考文献等方面的内容进行生成时就容易出现“幻觉”。知识库已发展多年，现已比较成熟，但其缺点主要是知识面过窄、总结能力不强等。本章介绍了大语言模型利用外挂知识库实现增强检索的方法。本章基于 Python 语言、LangChain[㊀]大模型开发库和 Gradio 框架，将知识库与大语言模型进行整合，实践知识库原始资料的采集、分块、向量化、存储，以及根据问题召回知识条目，并由大语言模型进行归纳润色的全部过程，还会给出一个包含以上过程和一个 Web 交互界面的完整示例，便于读者练习掌握。

12.1 目标

大语言模型的能力和语料的多样性与质量的关联很大。由于语料不可能面面俱到，大模型在某一些专业领域的生成质量一般，内容不够深入，或者其答案的文本非常丰富，但与实际情况相距甚远。这些问题限制了大语言模型在某些专业领域的应用。解决这个问题的途径主要有两个：一个是对大语言模型进行参数微调来适配垂直领域，另一个是在大语言模型上外挂知识库实现增强检索。知识库是一种以知识或信息为核心的数据库，通过捕捉实体之间的关系和属性，为各种应用提供语义化的数据支持。知识库与大模型可以通过集成应用进行优势互补，该应用既可以利用知识库检索到相对精确、直接的知识条目，又可以借助大语言模型的语义理解和文本总结能力进行归纳。在一个问答系统中，用户的问

㊀ https://github.com/langchain-ai/langchain，一个用于开发由大语言模型驱动的应用程序的框架。

题先被转化为向量，再从知识库里按向量比对检索出知识条目，然后交由大模型对知识条目进行理解和总结，最终给出回答。这样做一来限定了知识范围，不至于使答案过于发散；二来经过大模型的理解总结，使得回答更为准确和有条理性。

本章的设计目标是建立一个基础的知识库应用，将其与大语言模型进行整合，使模型采用一种“链”式架构来回答用户提出的问题，开发一个具有图形化界面的简易知识库管理工具，让读者了解知识库与大模型集成应用的基本原理和实现方法。

12.2 原理

12.2.1 功能概要

知识库与大模型的集成应用是人工智能领域中的一个重要研究方向，有一定的应用前景和研究价值。知识库与大模型的集成一般是通过检索增强生成（Retrieval Augmented Generation, RAG）系统来实现的。RAG 可通过链式组件 LangChain 将知识库检索组件和文本生成模型进行串联，从知识库检索出来的条目是链的上游，它与用户原始输入一起组合成联合提示词流转到链的下游——大语言模型，模型对输入参数进行分析总结，给出最终答案。通过将知识库和大模型进行集成，人工智能系统变得更加高效、准确和智能化，能为各种应用提供更好的支持和服务。这种架构的设计具有以下优势。

- 与提示词微调[㊀]的方法异曲同工，RAG 对原本只有原始问题的提示词进行扩展，添加从知识库里召回的知识条目，将这种包含丰富上下文内容和限定条件的提示词，送到大语言模型，这样就可有效地减少大语言模型幻觉问题的出现。
- 从成本方面考虑，与对大语言模型微调相比，外挂知识库的办法可以节省大量语料整理的时间和算力，而且避免了重新训练后模型能力的不确定性。
- 从知识更新方面考虑，RAG 可以解决大语言模型实时性不足的问题，在知识库中持续不断地导入新知识，从而不需要重新训练大模型就能够理解和回复最新知识。

本章系统功能如下。

（1）知识库原始资料采集

不需要人工整理原始资料文件，放置到原始文档文件夹下的文件可以被装载、解析、分块、向量化和写入向量数据库。支持 .pdf、.doc、.docx、.md、.txt 等类型的文件。

（2）知识文本分块

文本分块是一个知识库条目的分拆过程。语义完整、篇幅合理的条目规划有助于知识库的检索，所以拆分的结果不能太短也不能太长，太短的分块会导致语义不完整，太长的分块会导致用问题匹配条目时遇到困难。

㊀ 通过在模型的输入中添加特定的提示词（Prompt）来引导模型生成符合特定任务要求的输出。

（3）文本向量化

与关系数据库的 SQL 语言的检索方式不同，知识库的检索是利用语义近似原理实现的。将查询知识库的问题进行向量化后，与库里的向量进行比对，按匹配程度的高低排序并列举出条目。这些知识条目都携带有 score（相似度得分）信息，可以设定一个 score 阈值来筛选召回的条目。

（4）向量数据库

分块后的文本转化为向量写入向量数据库，同时分块的原始文本、文本所在文件的信息也会作为附件被存储，并与文本向量建立一对一的关系当检索匹配到向量时，就会召回与之对应的原始文本和来源，这样不但能得到分块后的文本条目，还能查到这些条目出自哪个文件，文件链接是什么，以便调取整个文件内容。与关系数据库不同，向量数据库以数据集、文档等方式来组织存储非关系数据（如文本、图像、音频和视频等）。

（5）大语言模型生成

大语言模型生成是 RAG 链式结构的最后一个环节，其提示词来自两个方面：从向量数据库检索获得的条目和用户提问的原始问题。这样的组合既能告诉大语言模型用户的本来意图，又能附加上知识库中的语义近似的条目。这样输入参数更加丰富，给定的语境更为完整，得到的答案更为精确。

12.2.2 系统架构

综上可知，系统架构分为三大部分，见图 12-1。

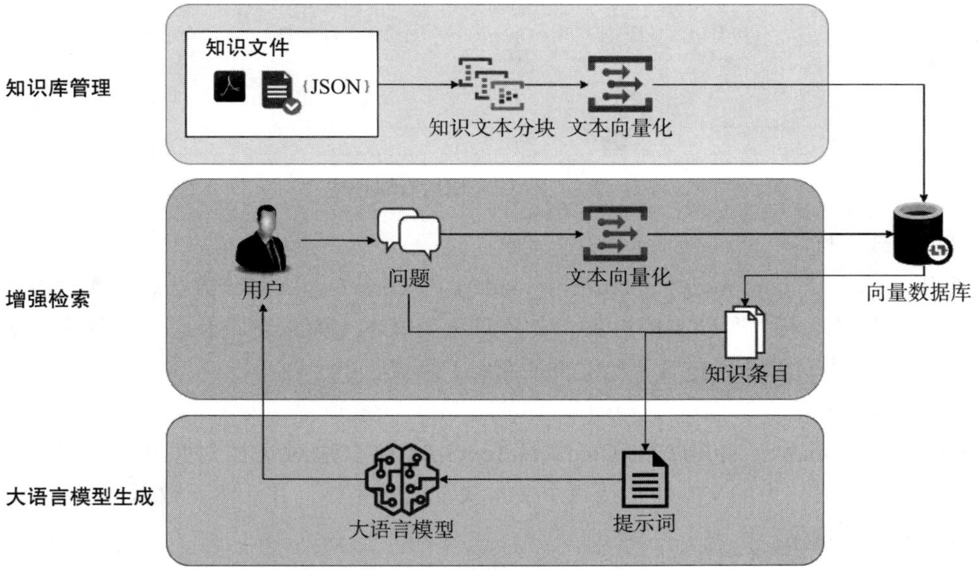

图 12-1 RAG 应用架构图

①知识库管理：包括对原始知识文件的收集、文件内容分块、文本向量化及对向量数据的存储。

②增强检索：将输入问题转化为向量，以此向量从向量数据库中召回数据形成条目，与原始问题一起形成大语言模型的提示词。

③大语言模型生成：将上一链条组织好的提示词输入大语言模型，进行限定条件、给定上下文丰富的答案生成过程。

12.2.3 运行原理

例程使用 LangChain 链式串联文档解析、文本分块、向量化、大语言模型调用的环节，界面的构建采用 Gradio 组件，原理见图 12-2。

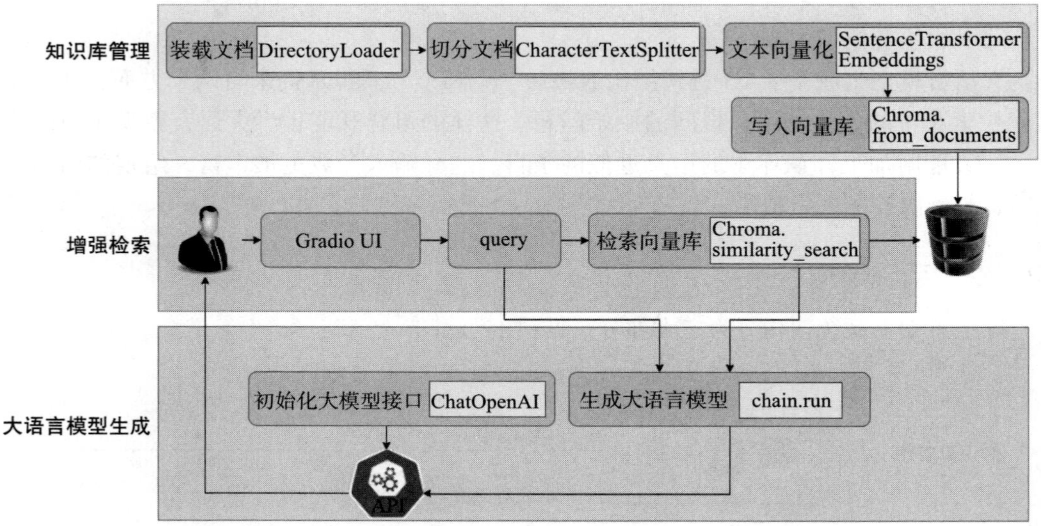

图 12-2 RAG 应用运行原理图

（1）装载文档

使用 langchain_community.document_loaders 的 DirectoryLoader 方法，一次性将指定目录下的所有文档载入，形成文档对象。文档对象由文本（从 .pdf、.doc、.txt 等文件的文本信息抽取形成）与元数据（包含原始文件的路径）组成。

（2）切分文档

调用 langchain.text_splitter 的 CharacterTextSplitter 方法对文档对象进行文本块切分，将整个文件切分成较短的文本块，使每个文本块都语义完整，并保留元数据，以标明出处。

（3）文本向量化

调用 langchain_community.embeddings 的 SentenceTransformerEmbeddings 方法，装载 text2vec-base-chinese 模型，将文本块向量化。

（4）写入向量库

调用 Chroma.from_documents 方法，将切分好的文本块存入向量数据库中。本例中采用了 Chroma 向量数据库。Chroma 是一种采用 Python 开发的、基于 SQLLite 的向量数据库，其规模较小，方便集成到应用中。

（5）初始化大模型接口

使用 langchain_openai 的 ChatOpenAI 方法，对大语言模型接口参数进行初始化，形成一个标准的 OpenAI 推理接口封装程序，用于后续的链式调用。

（6）构建交互界面

采用 Gradio UI 建立 Web 交互界面，通过简单的页面组件申明，就可以制作一个接受用户输入、显示查询结果、支持流式推送输出的 Web 应用。

（7）检索向量库

用户输入问题后，使用 Chroma.similarity_search 方法进行问题的向量化及从向量库中检索知识条目。检索的方法为向量相似度匹配，将相似度得分情况也一并返回。

（8）生成大语言模型

将检索得到的知识条目和原始问题一并传入 chain.run 接口，组织成问题提示词，通过 OpenAI 兼容的 completions 接口调用大语言模型生成答案。程序使用 yield 方法将结果以流的方式推送到 Gradio 页面。

12.3 开发过程

12.3.1 大语言模型安装

本示例中需要一个能够提供标准 OpenAI 接口的大语言模型，以便在 LangChain 组织的大语言模型调用的步骤中使用。过程中安装和开启 API 服务的操作参见 9.3.4 节。

12.3.2 依赖库安装

建立一个 requirements.txt 文件，内容如下。

```
langchain==0.1.6
langchain-community==0.0.19
unstructured==0.11.8
unstructured[docx]==0.11.8
unstructured[md]==0.11.8
unstructured[pdf]==0.11.8
unstructured[xlsx]==0.11.8
openai==1.6.1
langchain_openai==0.0.2
chromadb==0.4.22
```

```
sentence_transformers==2.2.2
gradio==4.13.0
```

建立一个 Python3.10 虚拟环境，安装依赖库。

```
conda create -n rag python=3.10 -y
conda activate rag
pip install -r requirements.txt \
-i https://pypi.mirrors.ustc.edu.cn/simple \
--trusted-host=pypi.mirrors.ustc.edu.cn
```

12.3.3 向量化模型下载

通过如下代码下载向量化模型。

```
# 从 aliendao.cn 中下载 text2vec-base-chinese 模型文件
wget https://aliendao.cn/model_download.py
python model_download.py --e --repo_id shibing624/text2vec-base-chinese \
--token YPY8KHDQ2NAHQ2SG
# 下载后的文件在 ./dataroot/models/shibing624/text2vec-base-chinese 目录
```

12.3.4 源代码

源代码文件名为 rag-demo.py，以下提供完整代码。

（1）导入依赖库

```
from langchain_community.llms import OpenAI
from langchain_community.document_loaders import DirectoryLoader
from langchain.text_splitter import CharacterTextSplitter
from langchain_community.vectorstores import Chroma
from langchain_community.embeddings import SentenceTransformerEmbeddings
from langchain_openai import ChatOpenAI
from langchain.chains.question_answering import load_qa_chain
import gradio as gr
import os
import time
```

（2）LLM 接口初始化

```
os.environ["OPENAI_API_KEY"] = 'EMPTY'
os.environ["OPENAI_API_BASE"] = "http://server-llm-dev:8000/v1"

def load_llmmodel():
    model_name = "ChatGLM3-6B"
    llm = ChatOpenAI(model_name=model_name)
    return llm
```

（3）文档处理

```
# 装载文档
def load_docs(directory):
```

```
    loader = DirectoryLoader(directory, glob='**/*.*', \
        show_progress=True)
    documents = loader.load()
    return documents
# 文档分块
def split_docs(documents):
    text_splitter = CharacterTextSplitter(chunk_size=150, \
        chunk_overlap=20)
    split_docs = text_splitter.split_documents(documents)
    return split_docs
# 将分块向量化后写入向量库
def create_vectorstore(split_docs):
    embeddings = SentenceTransformerEmbeddings(
       model_name="./dataroot/models/shibing624/text2vec-base-chinese")
    vectorstore = Chroma.from_documents(split_docs, embeddings)
    return vectorstore
```

（4）增强检索

```
# 根据问题（query）从知识库中检索条目
def search_docs(vectorstore, query):
    matching_docs = vectorstore.similarity_search(query)
    return matching_docs
# 将条目与原始问题组织成提示词来调用大模型 API 获得答案
def answer_fromchain(llm, matching_docs, query):
    chain = load_qa_chain(llm, chain_type="stuff", verbose=True)
    answer = chain.run(input_documents=matching_docs, question=query)
    return answer
```

（5）Web 界面

```
def chat_webui(llm):
    with gr.Blocks() as blocks:
        gr.HTML("""<h1 align="center">RAG 演示 </h1>""")
        chatbot = gr.Chatbot()
        msg = gr.Textbox(show_label=False,
                        placeholder=" 请输入问题 ...", container=False)
        clear = gr.Button(" 清除问题 ")

        def messages(user_message, history):
                return "", history + [[user_message, None]]

            def bot(history):
                query = history[-1][0]
                matching_docs = search_docs(vectorstore, query)
                history[-1][1] = ""
                    bot_message = " 知识库检索结果 :\n" + \
                            matching_docs[0].page_content + "[" + \
                            matching_docs[0].metadata["source"] + "]"
                for character in bot_message:
                            history[-1][1] += character
```

```
                            time.sleep(0.05)
                            yield history
                        answer = answer_fromchain(llm, matching_docs, query)
                bot_message = "\nLLM 生成结果 :\n" + answer
                for character in bot_message:
                            history[-1][1] += character
                            time.sleep(0.05)
                            yield history
        msg.submit(messages, [msg, chatbot],
                                [msg, chatbot], queue=False).then(
                bot, chatbot, chatbot
        )
        clear.click(lambda: None, None, chatbot, queue=False)
    blocks.queue()
    blocks.launch()
```

（6）整体流程

```
if __name__ == "__main__":
    llm = load_llmmodel()
    documents = load_docs("./documents")
    split_docs = split_docs(documents)
    vectorstore = create_vectorstore(split_docs)
    chat_webui(llm)
```

12.3.5 测试

1. 基本功能

建立一个 documents 文件夹，将知识库原始文件复制过去。在 Python3.10 虚拟环境中，运行源程序，命令如下。

```
conda activate rag
python rag-demo.py
```

接着打开浏览器，访问 http://127.0.0.1:7860/，即可进入 RAG 应用界面。

该应用的主要功能如下。

- 召回知识库条目。
- 附加上知识库条目的元数据（原始文档、来源）。
- 大语言模型归纳生成答案。
- 将答案流式推送到页面。

应用运行效果见图 12-3。

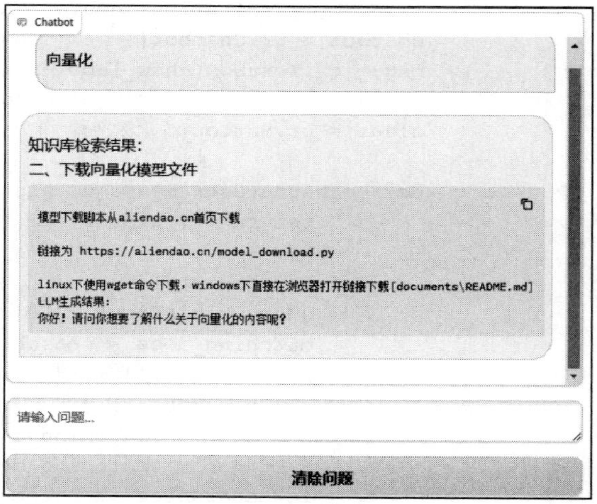

图 12-3 RAG 应用功能测试

2. 提示词生成

从后台服务来看，知识库条目、原始问题及用户输入提示词，会按一定格式组合后形成提问输入串，大语言模型根据该输入串生成最终的答案。提示词组织过程见图 12-4。

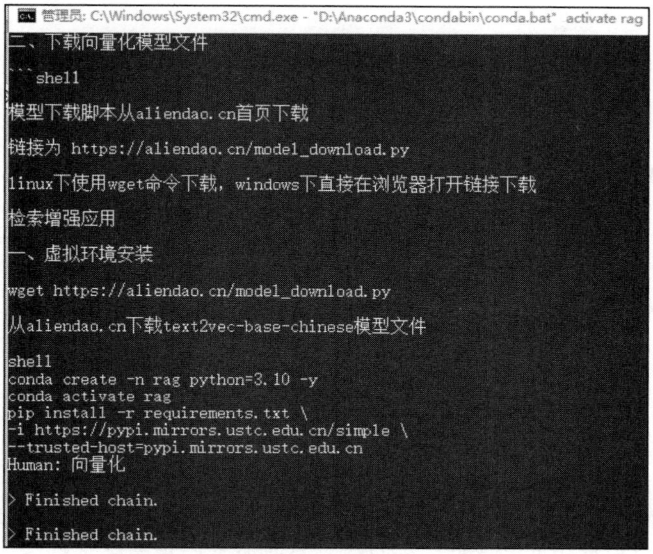

图 12-4　RAG 提示词生成

Chapter 13 第 13 章

PDF 翻译应用

文字翻译是自然语言处理的一个重要场景，应用非常广泛，比如，Google 翻译、百度翻译、Bing 翻译等技术都已发展得非常成熟，而且大部分浏览器中都内置了翻译工具，极大地降低了阅读外文的难度。但在 PDF 翻译这个细分领域中，由于 PDF 文件格式的特殊性，要对 PDF 进行翻译并保持原格式，这个过程其实比较复杂。本章针对 PDF 文件的特点，开发一个 PDF 翻译工具，利用 Helsinki-NLP/opus-mt-en-zh 模型和通用大语言模型的翻译能力，将 PDF 文件转化为 HTML，再对文本翻译后回写，形成格式基本保持原样的 HTML 目标文件。

13.1 目标

翻译是自然语言处理领域的重要研究方向，包括文本翻译、语音翻译、文件翻译等应用。在大语言模型应用中，可以定制提示词，将一种语言的文本翻译成另一种语言的文本，如将文本中的中文翻译成英文，或将英文翻译成中文。

PDF 是一种流式指令型格式，翻译时需要提取里面的文本内容，如果要求翻译的结果与原 PDF 保持同样的展示格式，则有一定的复杂性。本章设计一个基于大语言模型的 PDF 翻译工具，将 PDF 先转换为 HTML 格式，再用大语言模型翻译 HTML 里的文本内容，最后形成的 HTML 文件可以与原始 PDF 保持基本一样的显示格式。

13.2 原理

13.2.1 功能概要

本章开发一个 PDF 翻译工具，采取 PDF 转 HTML 的办法，将翻译功能应用到 HTML

文件，并将最终翻译的结果也回写到 HTML 中，其中翻译功能采用了大语言模型来实现。该翻译工具的主要功能如下。

- 文件格式转换：将 PDF 转换为 HTML 格式。
- 文本翻译范围限定：在翻译的内容中过滤掉图表中的标注、源代码、数据公式等。
- 文本翻译模型：支持 Helsinki-NLP/opus-mt-en-zh 英译汉专用模型和通用大语言模型这两种不同的模型实现翻译任务。
- 大语言模型提示词定制：定制大语言模型的提示词，以便让大语言模型给出的翻译结果尽量准确。

13.2.2 系统架构

如图 13-1 所示，PDF 翻译工具的工作流程：PDF 原文件→HTML 文件→解析出原始 div 标签→翻译 div 内容→替换 div 内容→保存翻译结果为 HTML 译文。

① PDF 转 HTML：这个过程由 pdf2htmlEX 工具完成。

② HTML 解析：使用 BeautifulSoup 库装载 HTML 文件，将其解析成 soup 对象。

③搜索 div：以 div 中的样式为条件，过滤出需要翻译的 div 内容。

④翻译 div 内容：调用 Helsinki-NLP/opus-mt-en-zh 或大语言模型进行翻译。

⑤替换 div 内容：将翻译后的文本回写到 div 中。

⑥保存 HTML：将 soup 对象按原格式的呈现形式保存成 HTML 文件。

应用的架构见图 13-1。

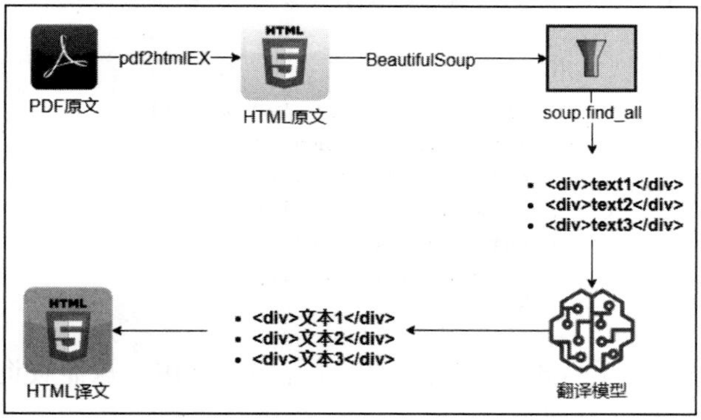

图 13-1　PDF 翻译应用架构图

13.2.3 运行原理

1. PDF 转 HTML

PDF 文件不易编辑。为了便于翻译后保持格式不变，相对简单的方法是将 PDF 转成 DOC 或 HTML。本例中选择了 PDF 转 HTML 的技术路线，具体转换工作由 pdf2htmlEX

应用程序完成。pdf2htmlEX 是一个开源的 PDF 转 HTML 工具，源码见 https://github.com/pdf2htmlEX/pdf2htmlEX，下载地址为 https://soft.rubypdf.com/download/pdf2htmlex/pdf2htmlEX-win32-0.14.6-upx-with-poppler-data.zip。

pdf2htmlEX 是一个命令行工具，运行以下命令进行转换工作。

```
pdf2htmlEX --zoom 放大倍数 源 pdf 文件名 目标 html 文件名
```

如将 test.pdf 按 1.5 倍放大并保存为 output.html，则命令如下。

```
pdf2htmlEX --zoom 1.5 test.pdf output.html
```

2. HTML 解析

BeautifulSoup 是一个基于 Python 语言的 HTML 解析库，可以从 HTML 页面中提取特定的数据。BeautifulSoup 库提供了 API，用于从 HTML 页面中选择元素、添加新元素、修改元素内容和删除元素。BeautifulSoup 库支持多种 HTML 解析模式，包括完整模式、指定模式和解析 JSON 数据。例如，用以下的代码解析 output.html。解析的结果会存储在 soup 对象中，用于进一步的标签定位操作。

```
with open('output.html', 'r', encoding='utf-8') as file:
    soup = BeautifulSoup(file, 'html.parser')
```

3. 搜索 div 标签

将 PDF 转成 HTML 后，文字标签由 div 和 span 组成。其中 span 嵌套在 div 中，起到了调节单词间距的作用。div 标签的 class 属性标识了字号信息，以“t”打头，格式为“t m 数字……”，如下所示。

```
<div class="t m0 x0 h2 y1 ff1 fs0 fc0 sc0 ls0 ws0">1
    <span class="_ _0"></span>english sample1
    <span class="_ _1"></span>english sample2
    <span class="_ _1"></span>english sample3
    <span class="_ _1"></span>english sample4
    <span class="_ _1"></span>english sample5
</div>
```

为了获取所有需要翻译的 div 标签，可以进行如下调用，从而查询出所有 class 属性以“t”打头的 div 集合，翻译后回写。

```
divs = soup.find_all('div', class_="t")
```

4. 翻译 div 内容

本章中，我们实践两种翻译模型来完成相应的翻译任务：一种是翻译专用的 Helsinki-NLP/opus-mt-en-zh，另一种是通用大语言模型。两种模型各有优缺点，其对比见表 13-1。

表 13-1　专用模型与通用大模型在翻译能力上的对比

	Helsinki-NLP/opus-mt-en-zh	通用大语言模型
算力要求	低（CPU 和 GPU 均可）	高（16GB 及以上的 GPU）
翻译效率	快	慢
翻译准确度	较低	较高
调用难度	低	高（需要定制提示词）
错误率	高（经常出现单词重复出现的情况，如“电子电子、电电电”）	低

（1）Helsinki-NLP/opus-mt-en-zh 模型调用

```
def translate_text(text):
    tokenized_text = tokenizer(
        text, return_tensors='pt', truncation=True, \
        padding=True).to("cuda")
    tokenized_text['repetition_penalty'] = 1.2
    translation = model.generate(**tokenized_text)
    translated_text = tokenizer.batch_decode(
        translation, skip_special_tokens=True)
    return translated_text[0]
```

其中 repetition_penalty 为“惩罚率”参数，用于抑制单词重复出现。根据经验，这个参数值需要大于 1。在程序调试中，可上下反复调整该参数来降低错误率。

（2）通用大语言模型调用

需要定制提示词，然后调用标准的 openai v1/chat/completions 接口。

```
messages = [
        {
            "role": "system",
            "content": "你是一个人工智能翻译工具，请翻译用户给出的英文，只输出翻译的最终结
                果，如不能翻译，请原样输出",
        },
        {
            "role": "user",
            "content": 需要翻译的英文
        }
    ]
```

5. 替换 div 内容

div 中的 span 是用于对显示格式进行微小调整的，在翻译阶段用不到。调用“text = div.get_text(strip=True, separator=' ')”来获取已剔除 span 标签的所有文本，然后进行翻译，并将翻译的结果回写到 div.string 变量中。这样就把 div 中的 span 标签去掉了。由于中文与英文不同，中文的词和词中间不需要有空格，所以不影响显示。

6. 保存 HTML

将 div 中的英文内容翻译成中文后，soap 对象也随之改变，将 soap 对象保存成文件即

可。需要注意的是，不能用 soap 的 prettify 方法进行结果美化，否则后续保存的格式不正确，翻译结果无法正常显示。

```
with open( 文件名 , 'w', encoding='utf-8') as f:
        f.write(str(soup))
```

7. 缺陷与改进措施

除了性能和准确率的问题外，上述实现示例中最大的不足在于文本的连续性和上下文方面。因为 PDF 文件是命令流格式，是按文本的具体坐标来控制打印的，所以一个完整的句子中的单词有可能被分拆。转换成 HTML 后，这些分拆的单词会被分到不同的 div 中，每个 div 中的单词都比较少。这样，单独对这些 div 中的文本进行翻译后组合成文章，就可能导致以下两个具体问题。

- 词不达意：机器翻译的痕迹非常重，因为是按单词而不是按完整的句子翻译的，也就谈不上联系上下文。
- 格式错位：由于翻译后的中文比英文短，结果中每行中文的长度都比原英文短，可读性差。

对此，可以探讨以下解决思路。

（1）相邻 div 归并的思路

在 div 的 class 属性格式中，如“ <div class="t m0 x1 h3 y2 ff1 fs0 fc0 sc0 ls0 ws0">”，t 表示 text（文本），m0 指代一种变换矩阵，x1 和 y2 指代字符的横纵坐标，h3 表示字符高度，后面几项则表示字体、字号、阴影等。在相邻的两个 div 中，由于 x 和 y 不同，其 class 属性肯定是不同的，对其进行归纳合并会比较困难。即使忽略 x 和 y 值，只要字体相同就合并，判断过程也非常烦琐，需要大量的时间进行硬编码和测试，难度较大。下面给出源码供读者参考。

```
def merge_html_div() :
    with open('output.html', 'r', encoding='utf-8') as file:
        soup = BeautifulSoup(file, 'html.parser')
    divs = soup.find_all('div', class_='t')
    i = 0
    while i < len(divs) - 1:
        if divs[i]['class'] == divs[i + 1]['class']: # 这里加字体匹配条件
            new_div = soup.new_tag('div', **{'class': divs[i]['class']})
            new_div.string = divs[i].string + divs[i + 1].string
            divs[i].string = ''
            divs[i + 1].extract()
            divs[i].insert_after(new_div)
            i += 1
        i += 1
    with open("output1.html", 'w', encoding='utf-8') as f:
        f.write(str(soup))
```

（2）PDF 转成 DOC 的思路

由于生成的 HTML 使用样式严格控制每个词或短语的 x 和 y 坐标，该过程不易处理，但可以考虑将 PDF 转成 DOC 文件进行翻译，这样就会减少整句被拆分的情况。但这个思路目前尚未发展成熟，需要进一步研究，在此不做赘述。

13.3　开发过程

13.3.1　大语言模型安装

对于本章中的示例，需要一个能够提供标准 OpenAI 接口的大语言模型，以在执行翻译任务时能够调用该接口。

13.3.2　依赖环境安装

新建一个 requirements.txt 文件，内容如下。

```
torch==2.1.2
tqdm==4.66.1
transformers==4.37.1
bs4==0.0.2
sentencepiece==0.1.99
sacremoses==0.1.1
openai==1.10.0
```

建立一个 Python3.10 虚拟环境，安装依赖库。

```
conda create -n pdftrans python=3.10 -y
conda activate pdftrans
pip install -r requirements.txt \
-i https://pypi.mirrors.ustc.edu.cn/simple \
--trusted-host=pypi.mirrors.ustc.edu.cn
```

对于使用 Windows 系统且有 GPU 的情况，因为默认安装的 PyTorch 极有可能是 CPU 版的，所以需要将该版本 PyTorch 卸载后从 https://pytorch.org/ 网站上找到相应命令安装 GPU 版本。

```
pip uninstall torch -y
pip uninstall torchvision -y
pip uninstall torchaudio -y
# cuda 12.2
pip install torch torchvision torchaudio --index-url \
https://download.pytorch.org/whl/cu121
# cuda 11.7
pip install torch==2.0.1 torchvision==0.15.2 torchaudio==2.0.2 \
--index-url https://download.pytorch.org/whl/cu117
```

13.3.3　下载英译中模型

通过如下代码下载英译中模型。

```
# 从 aliendao.cn 中下载 Helsinki-NLP/opus-mt-en-zh 模型文件
wget https://aliendao.cn/model_download.py
python model_download.py --e --repo_id Helsinki-NLP/opus-mt-en-zh \
--token YPY8KHDQ2NAHQ2SG
# 下载后的文件在 ./dataroot/models/Helsinki-NLP/opus-mt-en-zh 目录下
```

13.3.4 源代码

源代码文件名为 pdf-trans.py。下面提供了全部源代码，以展示完整的实现过程。

（1）导入依赖库

导入程序会用到的 BeautifulSoup（用于 HTML 解析）、tqdm（显示进度条）、torch（用于模型计算）、OpenAI（调用大语言模型）和 Transformers 等库。

```
from bs4 import BeautifulSoup
from tqdm import tqdm
import torch
import os
import argparse
from openai import OpenAI
from transformers import AutoTokenizer, AutoModelForSeq2SeqLM

model = None
tokenizer = None
base_url = "http://server-llm-dev:8000/v1/"
client = OpenAI(api_key="EMPTY", base_url=base_url)
device = torch.device("cuda" if torch.cuda.is_available() else "cpu")
```

（2）大语言模型翻译

通过 OpenAI 接口，调用 ChatGLM3-6B 模型进行翻译。

```
def translate_text_llm(text):
    messages = [
        {
            "role": "system",
            "content": "你是一个人工智能翻译工具，请翻译用户给出的英文，只输出翻译的最终结
                果，如不能翻译，则请原样输出",
        },
        {
            "role": "user",
            "content": text
        }
    ]
    response = client.chat.completions.create(
        model="chatglm3-6b",
        messages=messages,
        stream=False,
        max_tokens=2048,
        temperature=1,
        presence_penalty=1.1,
```

```
        top_p=0.8)
    if response:
        content = response.choices[0].message.content
        return content
    else:
        print("Error:", response.status_code)
        return text
```

（3）调用本地模型翻译

将 Helsinki-NLP/opus-mt-en-zh 模型载入内存翻译文本，可以在 CPU 或 GPU 中运行。

```
def load_trans_model():
    global model, tokenizer
    modelpath = "./dataroot/models/Helsinki-NLP/opus-mt-en-zh"
    tokenizer = AutoTokenizer.from_pretrained(modelpath)
    model = AutoModelForSeq2SeqLM.from_pretrained(modelpath).to(device)

def translate_text(text):
    tokenized_text = tokenizer(
        text, return_tensors='pt', truncation=True,
        padding=True).to(device)
    tokenized_text['repetition_penalty'] = 2.85
    translation = model.generate(**tokenized_text)
    translated_text = tokenizer.batch_decode(
        translation, skip_special_tokens=True)
    return translated_text[0]
```

（4）PDF 转 HTML

使用 pdf2htmlEX 将 PDF 转换为 HTML 文件。

```
def pdf2html(pdf):
    if not os.path.exists(pdf):
        return False
    outfile = "output.html"
    if os.path.exists(outfile):
        os.remove(outfile)
    cmd = "pdf2htmlEX --zoom 1.5 " + pdf + " " + outfile
    os.system(cmd)
    return os.path.exists(outfile)
```

（5）解析 HTML 并翻译

```
def translate_html(pdf, html, llm):
    with open('output.html', 'r', encoding='utf-8') as file:
        soup = BeautifulSoup(file, 'html.parser')
    divs = soup.find_all('div', class_="t")
    pbar = tqdm(total=len(divs))
    for div in divs:
        pbar.update(1)
        # 用 div 的 class 属性判断跳过哪些 div 内容
```

```
        skip_flag = False
        for x in range(20, 51):
            if "m" + str(x) in div["class"]:
                skip_flag = True
                break
        if skip_flag:
            continue
        # 取 div 内完整文字，忽略 span 标签
        text = div.get_text(strip=True, separator=' ')
        # 翻译 div 内容，回写到 div.string 中
        if text is not None and text != "" and len(text) > 5:
            if llm:
                _text = translate_text_llm(text)
            else:
                _text = translate_text(text)
            div.string = _text
    with open(html, 'w', encoding='utf-8') as f:
        f.write(str(soup))
```

（6）程序入口

```
def translate_pdf_html(pdf, html, llm):
    if model is None:
        load_trans_model()
    if pdf2html(pdf):
        translate_html(pdf, html, llm)
        return True
    else:
        return False

if __name__ == "__main__":
    parser = argparse.ArgumentParser()
    parser.add_argument('--pdf', default=None, type=str, required=True)
    parser.add_argument('--html', default="translated.html",
            type=str, required=False)
    parser.add_argument('--llm', action='store_true',
            default=False, required=False)
    args = parser.parse_args()
    translate_pdf_html(args.pdf, args.html, args.llm)
```

13.3.5 测试

拟翻译的原文件为 sample.pdf，如图 13-2 所示。使用专用和通用的两种大模型进行翻译，将翻译的结果存储在 translated.html 文件。

```
conda activate pdftrans
# 用 Helsinki-NLP/opus-mt-en-zh 模型翻译
python pdf-trans.py --pdf sample.pdf
# 用通用大语言模型翻译
python pdf-trans.py --pdf sample.pdf --llm
```

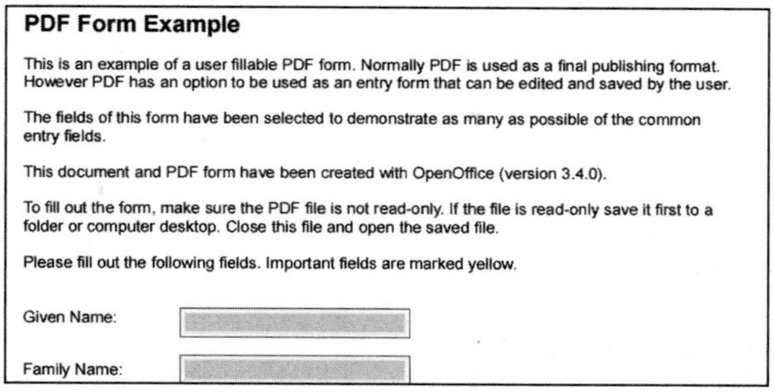

PDF Form Example

This is an example of a user fillable PDF form. Normally PDF is used as a final publishing format. However PDF has an option to be used as an entry form that can be edited and saved by the user.

The fields of this form have been selected to demonstrate as many as possible of the common entry fields.

This document and PDF form have been created with OpenOffice (version 3.4.0).

To fill out the form, make sure the PDF file is not read-only. If the file is read-only save it first to a folder or computer desktop. Close this file and open the saved file.

Please fill out the following fields. Important fields are marked yellow.

Given Name:

Family Name:

图 13-2　原始 PDF

使用 Helsinki-NLP/opus-mt-en-zh 模型翻译的结果如图 13-3 所示。

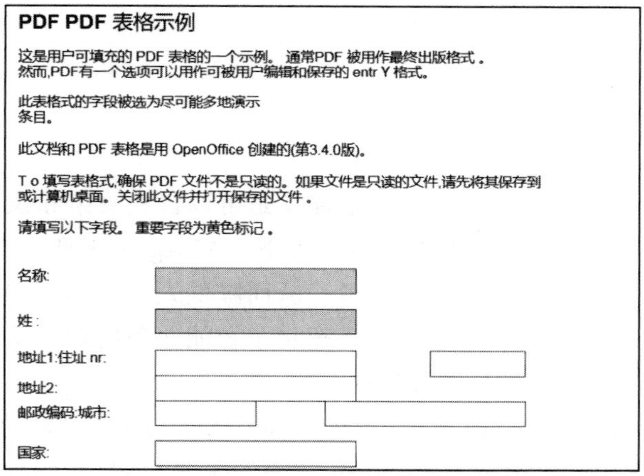

PDF PDF 表格示例

这是用户可填充的 PDF 表格的一个示例。 通常PDF 被用作最终出版格式 .
然而,PDF有一个选项可以用作可被用户编辑和保存的 entr Y 格式。

此表格式的字段被选为尽可能多地演示
条目。

此文档和 PDF 表格是用 OpenOffice 创建的(第3.4.0版)。

T o 填写表格式,确保 PDF 文件不是只读的。 如果文件是只读的文件,请先将其保存到
或计算机桌面。 关闭此文件并打开保存的文件 .

请填写以下字段。 重要字段为黄色标记 .

名称:

姓:

地址1:住址 nr:

地址2:

邮政编码:城市:

国家:

图 13-3　Helsinki-NLP/opus-mt-en-zh 模型翻译结果

使用通用大语言模型翻译的结果如图 13-4 所示。

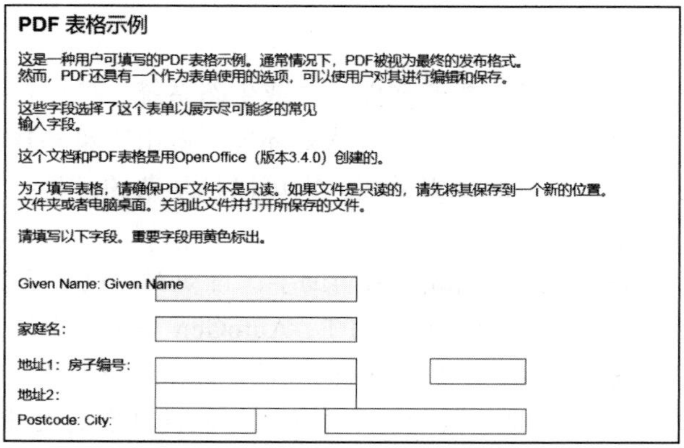

PDF 表格示例

这是一种用户可填写的PDF表格示例。通常情况下，PDF被视为最终的发布格式。
然而，PDF还具有一个作为表单使用的选项，可以使用户对其进行编辑和保存。

这些字段选择了这个表单以展示尽可能多的常见
输入字段。

这个文档和PDF表格是用OpenOffice（版本3.4.0）创建的。

为了填写表格，请确保PDF文件不是只读。如果文件是只读的，请先将其保存到一个新的位置。
文件夹或者电脑桌面。关闭此文件并打开所保存的文件。

请填写以下字段。重要字段用黄色标出。

Given Name: Given Name

家庭名:

地址1：房子编号:

地址2:

Postcode: City:

图 13-4　通用大语言模型翻译结果

Chapter 14 第 14 章

智能代理应用

AI Agent 即人工智能代理，也叫作智能体，是可以自我决策和执行动作的一个智能实体或多个智能实体的组合。在大模型技术的驱动下，AI Agent 基于自然语言进行人机交互，自动化地执行和处理专业或繁杂的工作任务，从而降低人工成本。AI Agent 的发展前景是成为完全实现自我决策的智能体，它目前已超越了智能业务助理的角色，逐渐形成自我决策、自我协调、自我执行、自我反馈评估的能力。

本章介绍 AI Agent 应用，搭建基于 Microsoft AutoGen⊖框架的运行环境，开发多 Agent、多角色会话应用，实现多个 AI Agent 在软件开发场景中共同协作，综合应用对话、部署、运行、搜索、大模型总结等多种方式，解决用户发布的软件开发任务。

14.1 目标

AI Agent 是指一种具有人工智能的软件程序或生态系统，可以代表人类执行特定任务或提供特定服务。这些智能代理可以自主地感知环境、做出决策和执行动作，以实现特定的目标。AI Agent 既可以是简单的规则系统，也可以是复杂的、具有更高级智能和自适应能力的深度学习模型应用。

AI Agent 技术已被广泛应用，如智能家居助手、自动驾驶汽车系统、游戏玩家助理等。2023 年，西部世界小镇、BabyAGI、AutoGPT、AutoGen 等多个重要 Agent 研究项目在短短两周内陆续发布，引发了大家对 AI Agent 的关注。AutoGen 是 Microsoft 发布的一个 AI Agent 框架，应用于软件开发领域，其能力基本覆盖了软件开发的大部分流程，支持多个代

⊖ http://github.com/microsoft/autogen。

理、多个角色一起自动开发应用程序，使其通过相互对话协调任务分工。AutoGen 代理是可定制、可对话的，并且留有人工干预的接口，可以在各种交互模式下运行。

AutoGen 默认调用 ChatGPT 的 API 来生成文本及任务所需要的代码。在实践中，AutoGen 也可以调用提供 OpenAI 兼容接口的大语言模型服务。本章介绍 AutoGen 与 ChatGLM3-6B 的组合应用过程：给定一个初始任务，AutoGen 可以调用兼容 OpenAI 的 API 生成代码，并启动 Docker 执行代码，实现自动编程、部署、运行。

14.2 原理

14.2.1 AI Agent

1. AI Agent 简介

与用于文本预测生成的 GPT 应用不同，AI Agent 使用大型语言模型作为核心运行平台，赋予特定的程序单元以固定的角色分工。这些角色可以自主执行推理、多轮会话、部署程序到 Docker、运行程序、展现页面等动作。

2. AI Agent 组成

AI Agent 系统以大语言模型为核心，由计划、记忆、工具和行动等模块组成。

- 计划（Planning）：AI Agent 将大任务拆解成可管理的子任务，比如将一个软件开发任务分解成设计、开发、部署、运行环节，以便处理较为复杂的任务，并通过运行结果的反馈，不断提高完成任务的质量。
- 记忆（Memory）：AI Agent 的“短期记忆”类似于大语言模型的会话历史，即通过上下文保持较短时间内的记忆。这种记忆方式有一个明显的缺点，就是需要不断地将历史信息作为下次调用大语言模型的输入，导致输入越来越长，所以短期记忆一定要有长度限制。“长期记忆”类似于知识库，AI Agent 通过对知识的向量化、存储和召回实现长期保留记忆的能力。与短期记忆相比，长期记忆具有长期持久保存、长度无限制的优势。
- 工具（Tool）：在大语言模型无法处理的环节，工具提供了调用外部 API 实现计算、搜索、资源访问等操作的能力。工具模块能拓展大语言模型的应用场景，解决大语言模型只能受限于推理场景的问题。
- 行动（Action）：行动模块是实际执行任务动作的部分，如进行推理、编程、检索，以及部署程序到 Docker、运行程序等。

14.2.2 AutoGen

1. AutoGen 简介

AutoGen 是一个简化了可对话代理（Conversational Agent）创建过程的平台，这些代理能够通过对话执行任务。简单来说，AutoGen 是一个开发 AI 程序的框架，提供了开发能够自动运行的 AI Agent 应用的各种组件。通过 AutoGen，开发者可以比较方便地实现整合了大语言模型、人工和工具的多代理（Multi Agent）对话模式。

构建一个 AutoGen 应用主要分为两步。

①定义可对话代理：开发者首先定义一组可对话代理，每个代理（user_proxy）都具有专门的能力和角色与之匹配。

②定义交互行为：定义这些可对话代理应如何进行交互，比如，指定的代码接收到另外一个代理的消息后如何回应。回应的动作不仅是以文本的形式返回消息，还有可能直接使用 Docker 环境部署生成的代码。

2. AutoGen 主要特点

AutoGen 具有以下主要特点。

- ❑ 代码量小：AutoGen 能够以很小的开发工作量构建自动生成程序、自动部署、自我决策并运行的下一代大语言模型应用程序。
- ❑ 自动编排：AutoGen 简化了复杂的大语言模型工作流程的编排，实现了自动化和优化，提高了模型的使用效率。
- ❑ 多代理：AutoGen 支持复杂工作流程的多代理对话模式，借助可定制和可对话的特性，开发人员可以使用 AutoGen 构建具备会话自治、代理对话拓扑的应用。

3. AutoGen 基本元素

如图 14-1 所示，一个 AutoGen 应用由大语言模型配置、UserProxyAgent、AssistantAgent、Docker 运行环境构成，分别对应 LLM、human、agent 和 action 组件。大语言模型配置提供大语言模型服务，UserProxyAgent 代表用户，向其他角色发布任务，AssistantAgent 代表 AI Agent，而 Docker 提供了运行环境，执行 action 动作。

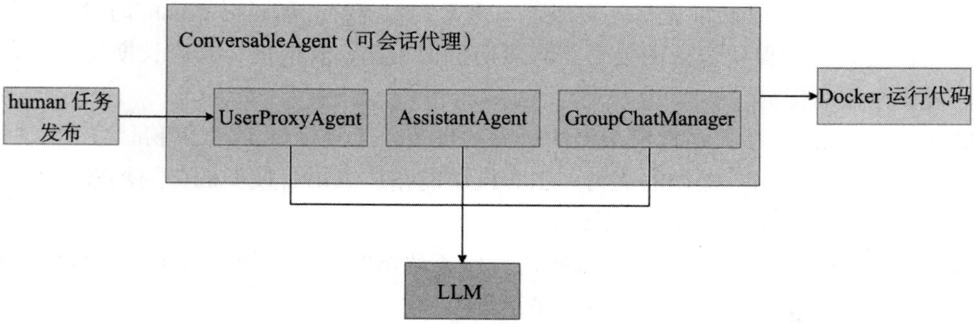

图 14-1　AutoGen 基本元素

最基本的 AutoGen 应用的源程序如下。

```
from autogen import AssistantAgent, UserProxyAgent, config_list_from_json
# 从 OAI_CONFIG_LIST 中装载大语言模型配置
```

```
# 可配置多个大语言模型
# 也可以不使用配置文件，而在程序中设定
config_list = config_list_from_json(env_or_file="OAI_CONFIG_LIST")
# 按配置创建 AssistantAgent
assistant = AssistantAgent("assistant", llm_config={
                           "config_list": config_list})
# 创建 AI Agent，用于生成和运行代码
# 将生成的代码存放在 coding 目录
# 如果将 use_docker 设置成 True，则代码将部署和运行于 Docker
user_proxy = UserProxyAgent("user_proxy", code_execution_config={
                            "work_dir": "coding", "use_docker": False})
# 代理开始使用对话方式解决用户的问题
# 只指定初始对话内容，后续的对话由代理自我控制实现
user_proxy.initiate_chat(
    assistant, message="Plot a chart of NVDA and TESLA stock price change YTD.")
```

其中，OAI_CONFIG_LIST 是大语言模型服务的配置文件，可以同时配置多个大语言模型服务，举例如下。

```
[
    {
        "model": "gpt-4",
        "api_key": "<your OpenAI API key here>"
    },
    {
        "model": "<your Azure OpenAI deployment name>",
        "api_key": "<your Azure OpenAI API key here>",
        "base_url": "<your Azure OpenAI API base here>",
        "api_type": "azure",
        "api_version": "2024-02-15-preview"
    },
    {
        "model": "ChatGLM3-6B",
        "api_key": "EMPTY",
        "base_url": "http://127.0.0.1:8000/v1",
        "api_type": "open_ai"
    }
]
```

此配置中将 GPT-4 列为默认模型，因为 GPT-4 能够更好地与 AutoGen 配合使用。当然，也可以使用其他模型，如由 Azure 托管的模型，以及在本地部署的国产模型。

14.3　开发过程

14.3.1　大语言模型安装

本章中对通用大语言模型的要求是提供一个标准的 OpenAI 接口，用于 AutoGen 的大语言模型服务。

14.3.2 Docker 安装

由于 AutoGen 生成的代码需要在 Docker 环境下运行，所以建议使用 Linux 操作系统。在默认情况下，Docker 需要以 root 用户身份权限或 sudo 方式运行，但 AutoGen 程序运行在一般用户身份下，这就要求 Docker 也支持在一般用户身份下运行。以 Ubuntu 操作系统为例，安装 Docker 环境，方法如下。

```
# 更新软件源信息
sudo apt-get update
# 安装组件
sudo apt-get install \
    apt-transport-https \
    ca-certificates \
    curl \
    software-properties-common
# 添加 Docker 官方的 GPG 密钥
curl -fsSL https://download.docker.com/linux/ubuntu/gpg | sudo apt-key add -
# 设置官方仓库
sudo add-apt-repository \
    "deb [arch=amd64] https://download.docker.com/linux/ubuntu \
    $(lsb_release -cs) \
    stable"
# 安装 Docker
sudo apt-get update
sudo apt-get install docker-ce
# 验证安装
sudo docker --version
# 将当前用户增加到 docker 用户组
sudo gpasswd -a ${USER} docker
sudo service docker restart
newgrp - docker
# 验证以当前用户身份运行 Docker 镜像
docker run hello-world
```

上述代码运行的结果是 Docker 从 dockerhub 网站拉取 hello-world 镜像，并启动镜像实例，打印“Hello from Docker!”，见图 14-2。

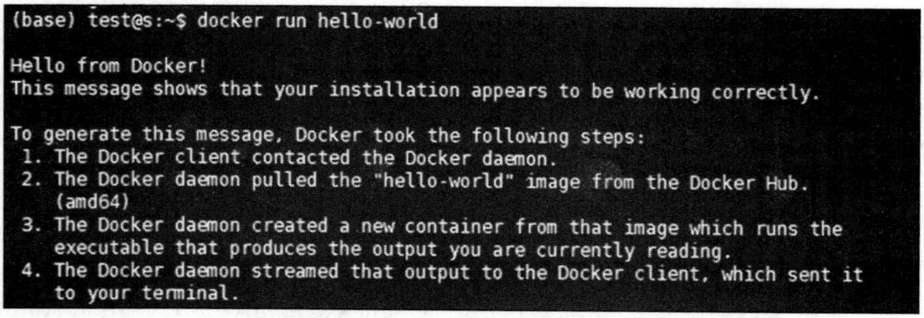

图 14-2 Docker 安装及验证

```
To try something more ambitious, you can run an Ubuntu container with:
 $ docker run -it ubuntu bash

Share images, automate workflows, and more with a free Docker ID:
 https://hub.docker.com/

For more examples and ideas, visit:
 https://docs.docker.com/get-started/
```

图 14-2 Docker 安装及验证（续）

14.3.3 虚拟环境准备

建立一个虚拟环境，代码如下。

```
conda create -n autogen python=3.10
conda activate autogen
pip install pyautogen==0.2.15 \
-i https://pypi.mirrors.ustc.edu.cn/simple \
--trusted-host=pypi.mirrors.ustc.edu.cn
```

14.3.4 运行环境验证

编写一个 AutoGen 测试程序 autogen-with-docker.py。该程序集成了大语言模型配置、Docker 环境和编程指令，从而对 AutoGen 的运行环境进行测试。源程序如下。

```
from autogen import AssistantAgent, UserProxyAgent, config_list_from_json

# 大语言模型配置
config_list = [
    {
        "model": "ChatGLM3-6B",
        "base_url": "http://server-llm-dev:8000/v1",
        "api_type": "open_ai",
        "api_key": "NULL",
    }
]

# assistant（AI Agent）生成
assistant = AssistantAgent("assistant", llm_config={
                           "config_list": config_list})
# UserProxyAgent 代表人类发布任务
user_proxy = UserProxyAgent(
    name="agent",
    human_input_mode="TERMINATE",
    max_consecutive_auto_reply=10,
    code_execution_config={"work_dir": "_output", "use_docker": "python:3"},
    llm_config={"config_list": config_list},
    system_message="""Reply TERMINATE if the task has been solved at full
        satisfaction. Otherwise, reply CONTINUE, or the reason why the task is
        not solved yet."""
```

```
)
# 开启初始对话开始处理任务
user_proxy.initiate_chat(assistant, message=" 写一个 python 版本的 hello world 程序并
    运行 ")
```

其中，base_url 参数需要配置为大模型提供的 OpenAI 兼容 API 的 URL。人工干预是通过在控制台进行输入实现的，而留给人工干预的操作时间是 10s。

通过以下命令运行程序。

```
conda activate autogen
python autogen-with-docker.py
```

运行的结果如图 14-3 所示，可见在不进行人为干涉的情况下，agent 和 assistant 两个角色在不断地对话，以解决用户发布的任务。

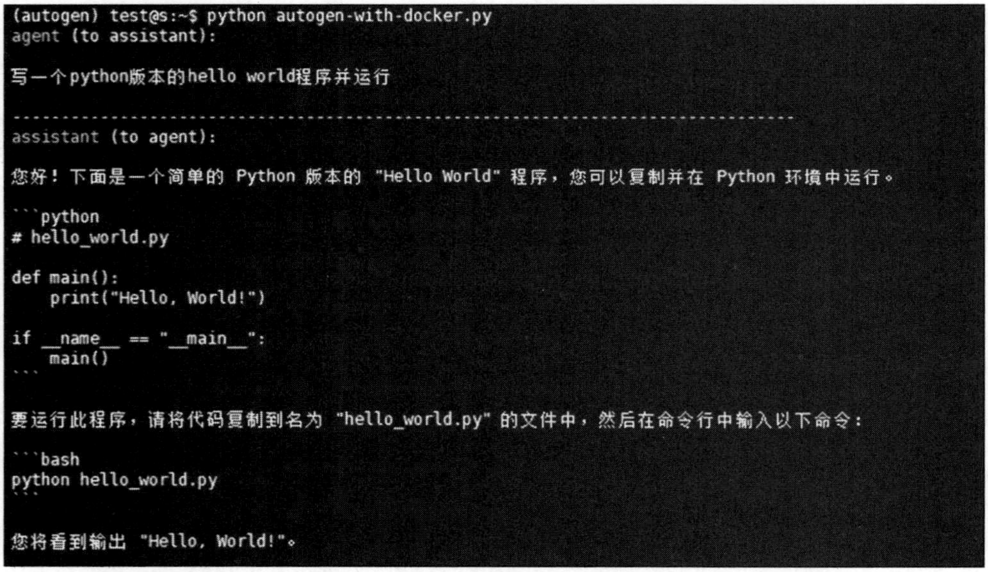

图 14-3　AutoGen 运行环境测试

14.3.5　多代理会话应用开发

AutoGen 除了可以编写程序并自动运行外，还可以实现多个代理互聊（GroupChat）来帮助解决现实问题。比如，在软件开发中，有项目经理（pm）、程序员（coder）等现实角色，再加上用户代理（user_proxy）和 AI 助手（assistant），一共有四种 AI 角色。它们按照 max_round 参数设定的对话轮数进行多次对话，共同协作解决用户的问题。源程序文件名为 agent-group.py，代码如下。

```
import autogen
```

```
def TestGroupChat():
    config_list_gpt = [
        {
            "model": "ChatGLM3-6B",
            "base_url": "http://server-llm-dev:8000/v1",
            "api_type": "open_ai",
            "api_key": "NULL",
        }
    ]
    llm_config = {"config_list": config_list_gpt,
                  "seed": 42, "stream": True, "timeout": 120}
    user_proxy = autogen.UserProxyAgent(
        name="User_proxy",
        system_message="A human admin.",
        code_execution_config={"last_n_messages": 2,
        "work_dir": "groupchat"},
        human_input_mode="TERMINATE"
    )
    coder = autogen.AssistantAgent(
        name="Coder",
        llm_config=llm_config,
    )
    pm = autogen.AssistantAgent(
        name="Product_manager",
        system_message="Creative in software product ideas.",
        llm_config=llm_config,
    )
    groupchat = autogen.GroupChat(
        agents=[user_proxy, coder, pm], messages=[], max_round=12)
    manager = autogen.GroupChatManager(
        groupchat=groupchat, llm_config=llm_config)
    user_proxy.initiate_chat(
        manager, message="在百度(https://baidu.com)上查找有关gpt-4的最新论文，并找到
            其在软件中的潜在应用")


if __name__ == '__main__':TestGroupChat()
```

执行 python agent-group.py，结果如图 14-4 所示。

从运行的结果来看，首先，AutoGen 的 GroupChatManager 协调项目经理和程序员的角色，生成 https://www.baidu.com/s?wd=gpt-4（这个链接是真实存在的，可直接复制到浏览器中访问）这样的搜索链接。然后，这几个角色通过协商对搜索结果进行处理，用不断的对话来解决用户提出的任务。由于在 llm_config 中加入了 stream 支持，AutoGen 应用在运行过程中生成的内容是流式推送的。

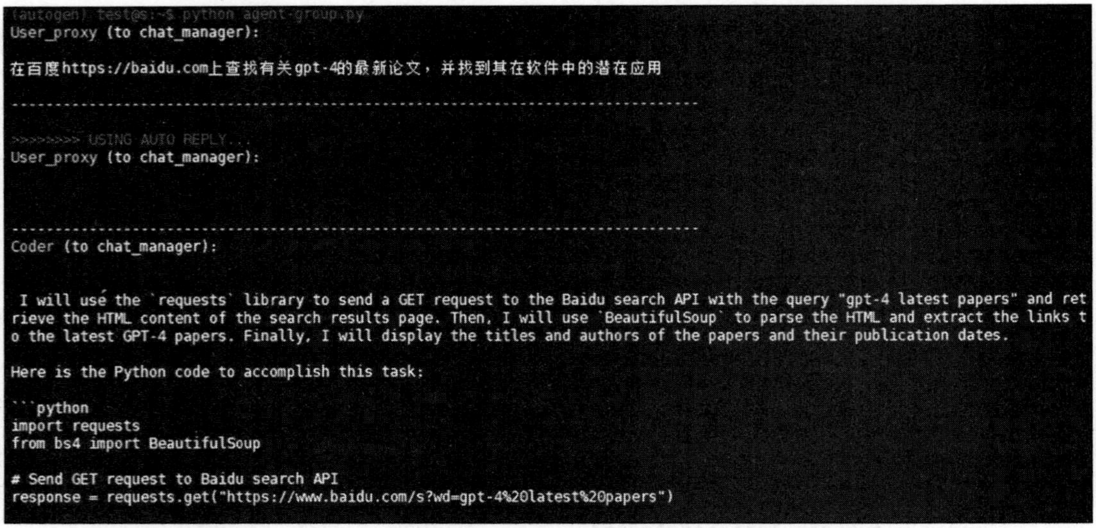

```
(autogen) test@s:~$ python agent-group.py
User_proxy (to chat_manager):

在百度https://baidu.com上查找有关gpt-4的最新论文，并找到其在软件中的潜在应用

--------------------------------------------------------------------------------

>>>>>>>> USING AUTO REPLY...
User_proxy (to chat_manager):



--------------------------------------------------------------------------------
Coder (to chat_manager):


 I will use the `requests` library to send a GET request to the Baidu search API with the query "gpt-4 latest papers" and ret
rieve the HTML content of the search results page. Then, I will use `BeautifulSoup` to parse the HTML and extract the links t
o the latest GPT-4 papers. Finally, I will display the titles and authors of the papers and their publication dates.

Here is the Python code to accomplish this task:

```python
import requests
from bs4 import BeautifulSoup

# Send GET request to Baidu search API
response = requests.get("https://www.baidu.com/s?wd=gpt-4%20latest%20papers")
```

图 14-4　多代理会话应用
```

第 15 章 Chapter 15

语音模型应用

大语言模型应用除了完成文本问答任务外，还可以处理语音问题，即将语音转成文本，再用文本回答问题。本章使用 Qwen-Audio 大语言模型，开发一个响应语音请求的服务端程序和一个客户端程序，实现一个用户输入文本或语音、大规模音频语言模型推理回答的应用。以这个模型应用为例，我们将实现音频转文本、文本输入大模型推理的全部过程。

15.1 目标

大规模音频语言模型可以对自然语言音频进行语音识别及根据文本生成语音，常用于智能家居、教学、智能交通等领域，可以帮助人们更方便地与设备进行交互。Qwen-Audio 是阿里云研发的大规模音频语言模型，可以以多种音频（包括人类语音、自然音、乐器音、歌声）和文本作为输入，以文本作为输出。

本章设计一个语音模型应用 Audio-Chat，实现语音提问、文本应答。其程序架构分为前端和后端两部分：前端录音上传至后端；后端调用 Qwen-Audio 模型将语音转为文本，再以此文本向 Qwen-Audio 模型进行提问，得到答案后，把语音对应的文本和答案返回给前端显示。通过此应用的开发过程，读者可以掌握 Qwen-Audio 模型应用的安装部署，如何开发语音对话客户端，以及如何实现前后端交互。

15.2 原理

15.2.1 功能概要

大语言模型的语音交互功能基于自然语言处理技术，是一种比文本更方便的人机交互方式，用户可以通过语音与模型应用进行口语化的对话，实现人工智能问答。本章开发的Audio-Chat应用实现的功能如下。

- 文本问题问答：虽然Qwen-Audio是一个大规模音频语言模型，但它是以Qwen-7B的预训练模型作为基础语言模型进行微调的，并以Whisper-large-v2[⊖]作为音频编码器实现初始化，所以它除了能接收语音输入外，还保留了文本处理能力，可以针对文本问题进行推理回答。
- 音频问题问答：在客户端录音，形成音频流上传到后台，后台调用Qwen-Audio模型将音频转换成文本，然后以文本作为输入，调用Qwen-Audio模型获取答案。

15.2.2 系统架构

语音模型应用（Audio-Chat）的架构分为三层：基础设施层、服务端和客户端，如图15-1所示。

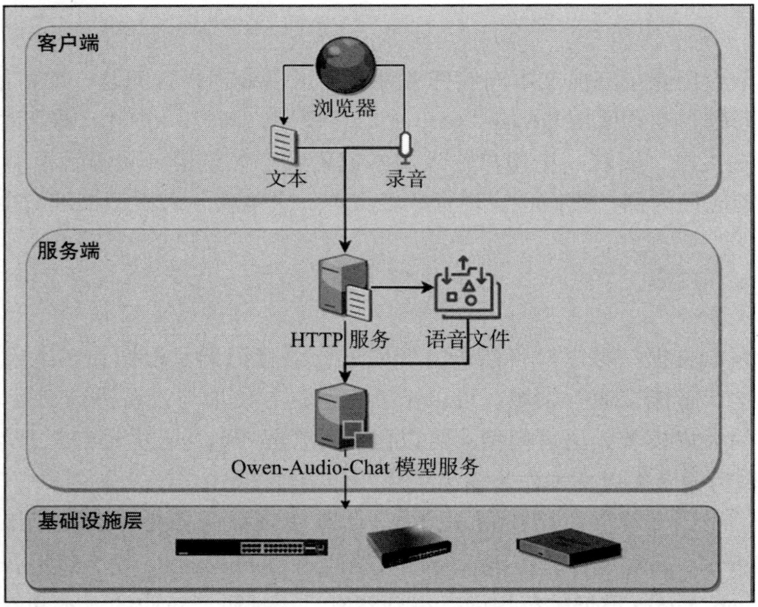

图 15-1 语音模型应用架构图

①基础设施层：由服务器、推理卡、网卡等硬件组成，提供应用运行的载体和算力保证。操作系统、推理卡驱动、CUDA等可归为基础设施层，为应用提供了GPU计算的软件计算服务。Qwen-Audio-Chat模型可以运行在GPU或CPU上，如果采用GPU运行Qwen-

⊖ 5.5节介绍过Whisper-large-v3的安装和使用方法。

Audio-Chat 模型，则至少需要 17GB 的 GPU 内存，要用 24GB 内存的推理卡来支持，如果采用 CPU 运行，则需要 32GB 内存和尽量多核数的 CPU。

②服务端：由大语言模型 Qwen-Audio-Chat、Python 虚拟环境、Transformers 库以及 OpenAI 兼容 HTTP 接口构成，以实现 Qwen-Audio-Chat 模型的装载、推理和对外服务。为了支持语音，服务端提供用于语音上传的 HTTP POST 接口。

③客户端：运行在浏览器中的 HTML5 与 JavaScript 代码是由 React.js 开发的，采用 js-audio-recorder 组件[⊖]录制音频，使用 POST 请求上传音频文件，通过 OpenAI 组件调用后台的服务。

15.2.3　运行原理

Audio-Chat 应用的运行原理如图 15-2 所示。它由客户端和服务端组成：客户端运行在浏览器上，将录音和文本发送到服务端，服务端收到响应后进行展现；服务端接收客户端上传的音频文件和文本，将其联合组成模型的入参，传入大模型 Qwen-Audio-Chat 进行推理，并将推理的结果向客户端推送。

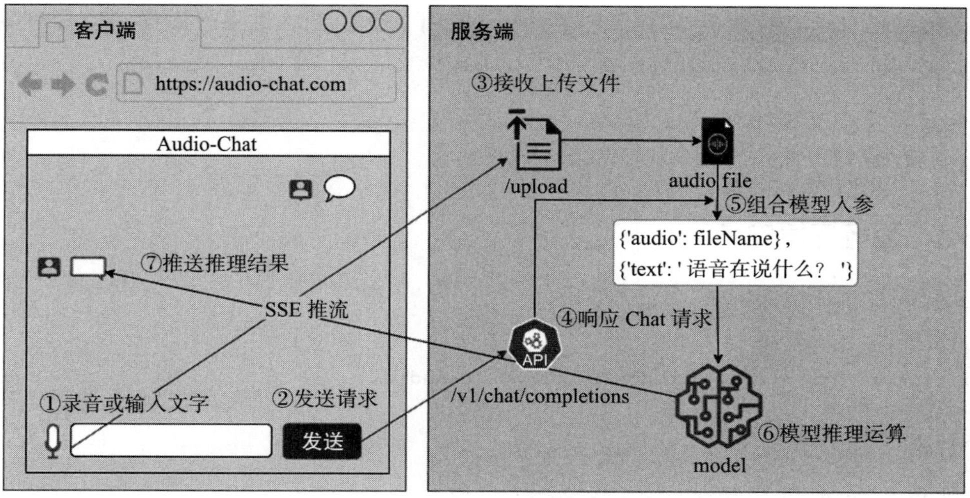

图 15-2　语音模型应用原理图

①录音或输入文字：客户端界面由 ChatUI 实现，主要用到 Chat 对话容器组件。输入类型（文字或音频）由 Chat 组件的 inputType 属性控制，当该属性值为“ text”时，接收文字输入；当属性值为“ voice”时，原文本输入框变为“按住说话”按钮，响应 recorder 属性的 onStart 和 onEnd 两个方法，调用 js-audio-recorder 组件开始和终止录音。

⊖ https://github.com/2fps/recorder。

②发送请求：如果输入类型是文字，则调用相应的 OpenAI[⊖]组件，向后台 /v1/chat/completions 发送 POST 请求；如果输入类型是音频，则在录音完成时，先将音频文件通过 POST 请求上传到后台的 /upload 目录，然后通过 openai-node 组件发送报文到后台的 /v1/chat/completions，报文消息格式为“ voice: 文件名”，以便后台在接收到报文后能区别普通文字消息和音频消息。

③接收上传文件：服务端监听 POST 提交请求，应用 python-multipart（Python 流式多部分解析器）接收文件，接收到的表单中含有客户端设定的文件名，按此文件名将音频流保存到 ./uploads 目录下。

④响应 Chat 请求：监听 /v1/chat/completions 路径下的服务，将消息转发至模型服务，并启用 SSE，向客户端推送流式消息。

⑤组合模型入参：如果是文字请求，则入参格式为 {'text': ' 客户端发送的文字 '}，如果是音频请求，则入参格式变成 {'audio': fileName}，{'text': ' 语音在说什么?'}。

⑥模型推理运算：如果是文字请求，则调用 model.chat 返回推理结果，向客户端推送结果；如果是音频请求，则先调用 model.chat 将音频转化成文字，再以 {'text':' 音频转化后的文字 '} 的入参格式，调用 model.chat 进行推理，然后将结果推送给客户端。

⑦推送推理结果：服务端在推理过程中，使用 SSE 机制将结果分段推送给客户端，客户端接收并进行事件响应后展现该结果。

15.3 开发过程

15.3.1 运行环境安装

先完成运行环境的安装，代码如下。

```
# 1. 代码准备
git clone https://github.com/QwenLM/Qwen-Audio
cd Qwen-Audio
git checkout 2979d08
# 2. 环境创建
conda create -n qwen-audio python=3.10 -y
conda activate qwen-audio
# 3. 安装基础依赖库
pip install -r requirements.txt \
-i https://pypi.mirrors.ustc.edu.cn/simple \
--trusted-host=pypi.mirrors.ustc.edu.cn
# 4. 安装 web demo 依赖库
pip install -r requirements_web_demo.txt \
-i https://pypi.mirrors.ustc.edu.cn/simple \
--trusted-host=pypi.mirrors.ustc.edu.cn
```

⊖ https://github.com/openai/openai-node。

```
# 5. 校验 PyTorch
python -c "import torch; print(torch.cuda.is_available())"
# 如果校验失败，则参考 4.2.1 节的方法进行处理
```

15.3.2 模型下载

接着进行模型文件的下载，代码如下。

```
# 从 aliendao.cn 中下载 Qwen-Audio-Chat 模型文件
wget https://aliendao.cn/model_download.py
python model_download.py --e --repo_id Qwen/Qwen-Audio-Chat \
--token YPY8KHDQ2NAHQ2SG
# 下载后的文件在 ./dataroot/models/Qwen/Qwen-Audio-Chat 目录下
```

15.3.3 Demo 运行

由于 Qwen/Qwen-Audio-Chat 可在 CPU 或 GPU 上运行，如果采用 GPU，则需要 24GB 的推理卡，可以根据实验机器的配置决定用哪种方式。

```
# 方式 1:GPU 运行（使用 24GB 或 24GB 以上的推理卡）
python web_demo_audio.py -c dataroot/models/Qwen/Qwen-Audio-Chat \
 --server-name 0.0.0.0
# 方式 2:GPU 和 CPU 混合模式运行（使用 16GB 推理卡）
# 将 web_demo_audio.py 中的 device_map = "cuda"
# 修改为 device_map = "auto"，然后
python web_demo_audio.py -c dataroot/models/Qwen/Qwen-Audio-Chat \
--server-name 0.0.0.0
# 方式 3:CPU 运行
python web_demo_audio.py -c dataroot/models/Qwen/Qwen-Audio-Chat \
--server-name 0.0.0.0 --cpu-only
```

Demo 程序正常启动后，界面如图 15-3 所示。

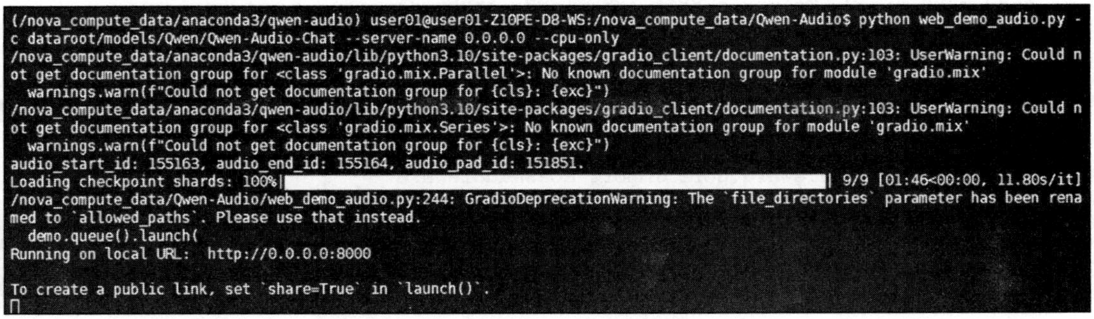

图 15-3　Demo 运行界面

在浏览器访问 http://server-llm-dev:8000，即可查看 Demo 运行效果，见图 15-4。

图 15-4　Demo 运行效果

15.3.4　服务端开发

服务端程序由 Python 开发，分为两部分：一部分用于接收客户端请求的 API 接口程序，为 qwen_audio_api.py；另一部分负责模型运算，为 qwen_audio_service.py。

1. qwen_audio_api.py

（1）依赖库导入

qwen_audio_api.py 中使用 fastapi 实现请求响应，采用 uvicorn 监听 HTTP 请求。

```
from qwen_audio_service import load_model_tokenizer
from pathlib import Path
import os
from fastapi import FastAPI, Request, File, UploadFile, Form
from fastapi.responses import JSONResponse
import shutil
from fastapi.middleware.cors import CORSMiddleware
import uvicorn
import argparse
from qwen_audio_service import create_chat_completion, \
    ChatCompletionRequest, ChatCompletionResponse
```

（2）跨域（CORS，跨来源资源共享）问题处理

服务端加入 CORS 中间件，这样在客户端跨域请求时，浏览器会忽略安全警告，不进行拦截。因为事实上跨域存在安全风险，所以这种处理跨域问题的方法只适用于测试的场

景，在生产环境中要将请求通过 Nginx 反向代理。

```
app = FastAPI()

app.add_middleware(
    CORSMiddleware,
    allow_origins=["*"],
    allow_credentials=True,
    allow_methods=["*"],
    allow_headers=["*"]
)
```

（3）上传文件响应

接收客户端上传文件的请求，将文件保存到 upload 目录下。

```
@app.post("/upload")
async def upload_file(clientid: str = Form(...),
                        file: UploadFile = UploadFile(...)):
    upload_path = "./uploads"
    if not os.path.exists(upload_path):
        os.makedirs(upload_path)
    try:
        fileName = f'{upload_path}/{file.filename}'
        with open(fileName, 'wb') as buffer:
            shutil.copyfileobj(file.file, buffer)
        return JSONResponse(content={"message": " 文件上传成功 ",
                                     "filename": file.filename})
    except Exception as e:
        print(e)
        return JSONResponse(status_code=500,
                            content={"error":
                                     f" 发生错误 : {str(e)}"})
```

（4）Chat 请求响应

Chat 服务在路径 /v1/chat/completions 上监听客户端的请求，当接收到请求后，转发给 qwen_audio_service. create_chat_completion。

```
@app.post("/v1/chat/completions", esponse_model=ChatCompletionResponse)
async def chat_completion(request: ChatCompletionRequest):
    return create_chat_completion(request)
```

（5）程序入口

```
if __name__ == '__main__':
    parser = argparse.ArgumentParser()
    parser.add_argument('--cpu-only', action='store_true',
                        default=False, required=False)
```

```
    parser.add_argument("-c", "--checkpoint-path", type=str,
                        required=True)
    args = parser.parse_args()
    load_model_tokenizer(args.checkpoint_path, args.cpu_only)
    uvicorn.run(app, host='0.0.0.0', port=8000, workers=1)
```

2. qwen_audio_service.py

（1）依赖库导入

qwen_audio_service.py 用到了多种类型和组件，包括 List、Literal、Optional、Union 等基础数据类型，Transformers 库加载模型的相关类，以及 SSE 消息推送组件。

```
from typing import List, Literal, Optional, Union
from pydantic import BaseModel, Field
from sse_starlette.sse import ServerSentEvent, EventSourceResponse
import time
import os
from transformers import AutoModelForCausalLM, AutoTokenizer
from transformers.generation import GenerationConfig
import re
```

（2）模型和 tokenizer 装载

定义两个全局变量 model 和 tokenizer 来存储模型和分词器实例。在模型装载成功后，将其设为评估模式，以防模型在运行过程中被反向传播。

```
model = None
tokenizer = None

def load_model_tokenizer(checkpoint_path, cpu_only):
    global model
    global tokenizer
    tokenizer = AutoTokenizer.from_pretrained(
        checkpoint_path, trust_remote_code=True, resume_download=True,
    )
    if cpu_only:
        device_map = "cpu"
    else:
        device_map = "auto"
    model = AutoModelForCausalLM.from_pretrained(
        checkpoint_path,
        device_map=device_map,
        trust_remote_code=True,
        resume_download=True,
    ).eval()
    model.generation_config = GenerationConfig.from_pretrained(
        checkpoint_path, trust_remote_code=True, resume_download=True,
    )
```

（3）OpenAI 兼容接口用到的所有数据类型定义

```
class FunctionCallResponse(BaseModel):
    name: Optional[str] = None
    arguments: Optional[str] = None

class ChatMessage(BaseModel):
    role: Literal["user", "assistant", "system", "function"]
    content: str = None
    name: Optional[str] = None
    function_call: Optional[FunctionCallResponse] = None

class DeltaMessage(BaseModel):
    role: Optional[Literal["user", "assistant", "system"]] = None
    content: Optional[str] = None
    function_call: Optional[FunctionCallResponse] = None

class UsageInfo(BaseModel):
    prompt_tokens: int = 0
    total_tokens: int = 0
    completion_tokens: Optional[int] = 0

class ChatCompletionRequest(BaseModel):
    model: str
    messages: List[ChatMessage]
    temperature: Optional[float] = 0.8
    top_p: Optional[float] = 0.8
    max_tokens: Optional[int] = None
    stream: Optional[bool] = False
    tools: Optional[Union[dict, List[dict]]] = None
    # Additional parameters
    repetition_penalty: Optional[float] = 1.1

class ChatCompletionResponseChoice(BaseModel):
    index: int
    message: ChatMessage
    finish_reason: Literal["stop", "length", "function_call"]


class ChatCompletionResponseStreamChoice(BaseModel):
    index: int
    delta: DeltaMessage
    finish_reason: Optional[Literal["stop", "length", "function_call"]]

class ChatCompletionResponse(BaseModel):
    object: Literal["chat.completion", "chat.completion.chunk"]
    choices: List[Union[ChatCompletionResponseChoice,
                        ChatCompletionResponseStreamChoice]]
```

```
    created: Optional[int] = Field(
        default_factory=lambda: int(time.time()))
    usage: Optional[UsageInfo] = None
```

（4）SSE 推送消息封装

SSE 推流时，首次推送消息（head）、中间推送内容（content）和停止消息（stop）的格式稍有区别，应分别封装以便于调用。

```
def predict_chunk_head(model_id):
    choice_data = ChatCompletionResponseStreamChoice(
        index=0,
        delta=DeltaMessage(role="assistant", content=""),
        finish_reason=None
    )
    chunk = ChatCompletionResponse(model=model_id, choices=[
                                   choice_data],
                                   object="chat.completion.chunk")
    return chunk

def predict_chunk_content(model_id, new_content):
    choice_data = ChatCompletionResponseStreamChoice(
        index=0,
        delta=DeltaMessage(content=new_content),
        finish_reason=None
    )
    chunk = ChatCompletionResponse(model=model_id, choices=[
        choice_data], object="chat.completion.chunk")
    return chunk

def predict_chunk_stop(model_id):
    choice_data = ChatCompletionResponseStreamChoice(
        index=0,
        delta=DeltaMessage(content=""),
        finish_reason="stop"
    )
    chunk = ChatCompletionResponse(model=model_id, choices=[
                                   choice_data],
                                   object="chat.completion.chunk")
    return chunk
```

（5）推理过程

在处理输入内容时，如果只有文本输入，就直接构造一个纯文本的模型用于推理。如果报文以“voice:”开头，则说明它是语音消息，这就需要分为两步进行推理：第一步是将语音解析成文本，第二步是将解析出的文本输入模型进行推理。每一步结束后，都向客户端推送消息。

```
def predict(query: str, history: List[List[str]], model_id: str):
    global model
```

```
    global tokenizer
    # push head chunk
    chunk = predict_chunk_head(model_id)
    yield "{}".format(chunk.model_dump_json(exclude_unset=True))
    # push content chunk
    if "voice:" in query:
        # push wait message
        chunk = predict_chunk_content(model_id, "请稍候 ")
        yield "{}".format(chunk.model_dump_json(exclude_unset=True))
        # prepare query
        fileName = "uploads/" + query.replace("voice:", "")
        query = tokenizer.from_list_format([
            {'audio': fileName},
            {'text': '语音在说什么？ '},
        ])
        # voice to text
        response, history = model.chat(tokenizer, query=query,
                                       history=None)
        chunk = predict_chunk_content(model_id, response + "\n")
        yield "{}".format(chunk.model_dump_json(exclude_unset=True))
        # get answer with text query
        pattern = re.compile(r'\"(.*?)\"')
        result = re.search(pattern, response)
        if result:
            _text = result.group(1)
            query = tokenizer.from_list_format([
                {'text': _text},
            ])
            response, history = model.chat(
                tokenizer, query=query, history=None)
            chunk = predict_chunk_content(model_id, response + "\n")
            yield "{}".format(chunk.model_dump_json(
                exclude_unset=True))
    else:
        query = tokenizer.from_list_format([
            {'text': query},
        ])
        response, history = model.chat(tokenizer, query=query,
                                       history=None)
        chunk = predict_chunk_content(model_id, response + "\n")
        yield "{}".format(chunk.model_dump_json(exclude_unset=True))
    # push stop chunk
    chunk = predict_chunk_stop(model_id)
    yield "{}".format(chunk.model_dump_json(exclude_unset=True))
    yield '[DONE]'
```

（6）请求入口

解析客户端的发起报文，校验报文格式，然后将推理过程委派给 predict 方法，向客户端返回 SSE 事件响应。

```
def create_chat_completion(request: ChatCompletionRequest):
    if request.messages[-1].role != "user":
        raise HTTPException(status_code=400, detail="Invalid request")
    query = request.messages[-1].content

    prev_messages = request.messages[:-1]
    if len(prev_messages) > 0 and prev_messages[0].role == "system":
        query = prev_messages.pop(0).content + query

    history = []
    generate = predict(query, history, request.model)
    return EventSourceResponse(generate, media_type="text/event-stream")
```

15.3.5 客户端开发

本应用的客户端使用 React.js 开发，即在第 9 章构建的 chat-app 的基础上，加入语音支持功能。

```
create-react-app audio-chat
cd audio-chat
npm i --save  @chatui/core
npm i --save openai
npm i --save localStorage
npm i --save js-audio-recorder
```

客户端使用的组件如表 15-1 所示。

表 15-1　语音应用客户端使用的组件

组件	来源	用途
ChatUI	https://chatui.io/	Chat 界面
openai-node	https://github.com/openai/openai-node	OpenAI 兼容接口，调用大模型服务
localStorage	https://git.coolaj86.com/coolaj86/local-storage.js	记录用户的输入类型（text 或 voice）
js-audio-recorder	https://github.com/2fps/recorder	基于 HTML5 和 Java Script 的 Web 端录音组件，可在浏览器中使用

1. 主要代码

客户端程序在 src/app.js 中，在 chat-app 基础上增加了几个与语音有关的方法。下面展示实现其重点功能对应的核心代码。

（1）开始录音

调用 recorder.start 开始录音。

```
function onVoiceStart() {
    recorder.start();
  }
```

（2）终止录音

调用 recorder.stop 终止录音，接着调用 uploadVoice 向后台上传录音。

```
function onVoiceEnd() {
    recorder.stop();
    uploadVoice();
  }
```

（3）上传录音

向后台 /upload 目录，通过 POST 请求上传录音文件。

```
function uploadVoice() {
    var fileId = new Date().getTime() + '.wav';
    var payTime = Math.round(recorder.duration);
    var wavBlob = recorder.getWAVBlob();
    var formData = new FormData();
    const newbolb = new Blob([wavBlob], { type: 'audio/wav' });
    const fileOfBlob = new File([newbolb], fileId);
    formData.append('file', fileOfBlob);
    formData.append('clientid', fileId);
    const xhr = new XMLHttpRequest();
    xhr.open('POST', apiurl + '/upload', true);
    xhr.onload = function () {
        if (xhr.status === 200) {
            console.log('File uploaded successfully');
            handleSend("voice", { "clientid": fileId, "payTime": payTime });
        } else {
            console.error('File upload failed');
        }
    };
    xhr.send(formData);
    }
```

（4）选择文本或语音上传

```
function handleSend(type, val) {
    var prompt = "";
    if (type === 'text' && val.trim()) {
        appendMsg({
            type: 'text',
            content: { text: val },
            position: 'right',
        });
        prompt = val.trim();
    } else if (type === "voice") {
        appendMsg({
            type: 'text',
            content: { text: val.payTime + " 秒语音 " },
            position: 'right',
        });
        prompt = "voice:" + val.clientid;
    }
```

```
    const msgID = new Date().getTime();
    setTyping(true);
    appendMsg({
        _id: msgID,
        type: 'text',
        content: { text: '' },
    });
    chat_stream(prompt, msgID);
  }
```

（5）页面控制

```
return (
    <Chat
        navbar={{ title: 'voice-chat' }}
        messages={messages}
        inputType={inputType}
        quickReplies={defaultQuickReplies}
        onQuickReplyClick={handleQuickReplyClick}
        recorder={{ canRecord: true, onStart: onVoiceStart, onEnd: onVoiceEnd }}
        renderMessageContent={renderMessageContent}
        onSend={handleSend}
    />
  );
}
```

若查看完整代码，请查看配套的网上资源：https://github.com/little51/llm-dev/blob/main/chapter15/audio-chat/src/App.js。

```
export default App;
```

2. 界面美化

在 src 文件下，新建一个样式单文件 chatui-theme.css。接下来，在 app.js 中引入此文件来美化 ChatUI 的界面元素，其内容如下。

```
:root {
    font-size: 16px;
    line-height:14px ;
}
.ChatApp,
.Bubble{
    max-width: 100vw;
}
.MessageContainer,
.Navbar,
.Message .Bubble,
.QuickReplies,
.ChatFooter {
    background-repeat: no-repeat;
    background-size: cover;
```

```
}

.ChatFooter .Composer-input {
    background: white;
    max-height: 160px;
    border: 1px solid darkgray;
    min-height: 80px;
    height: auto;
}

@media (max-width: 767px) {
    .ChatFooter .Composer-input {
        background: white;
        max-height: 80px;
        border: 1px solid darkgray;
        min-height: 40px;
        height: auto;
    }
}

.ScrollView--x .ScrollView-scroller {
    display: flex;
    margin-bottom: -1.7rem;
    overflow-x: scroll;
    overflow-y: hidden;
    padding-bottom: 1.125rem;
}

.Bubble.text, .Bubble.typing {
    word-wrap: break-word;
    box-sizing: border-box;
    min-width: 2.5rem;
    overflow-wrap: break-word;
    padding: .75rem;
    -webkit-user-select: text;
    user-select: text;
    white-space: normal;
}

.Message.right .Bubble {
    background: #95ec69;
    border-radius: 12px;
    margin-left: 2.5rem;
}
```

15.3.6 测试

1. 服务端运行

在服务器的 Qwen-Audio 目录下，运行以下命令。

```
# 激活 Python 虚拟环境
conda activate qwen-audio
# 新建文本 requirements_api.txt，内容如下
fastapi==0.109.2
uvicorn==0.27.1
sse_starlette==2.0.0
python-multipart==0.0.9
# 安装服务端依赖库
pip install -r requirements_api.txt \
-i https://pypi.mirrors.ustc.edu.cn/simple \
--trusted-host=pypi.mirrors.ustc.edu.cn
# 运行 qwen_audio_api.py
# 判断是否使用 --cpu-only，这需要看 GPU 的配置情况
python qwen_audio_api.py -c dataroot/models/Qwen/Qwen-Audio-Chat \
--cpu-only
```

运行结果如图 15-5 所示。

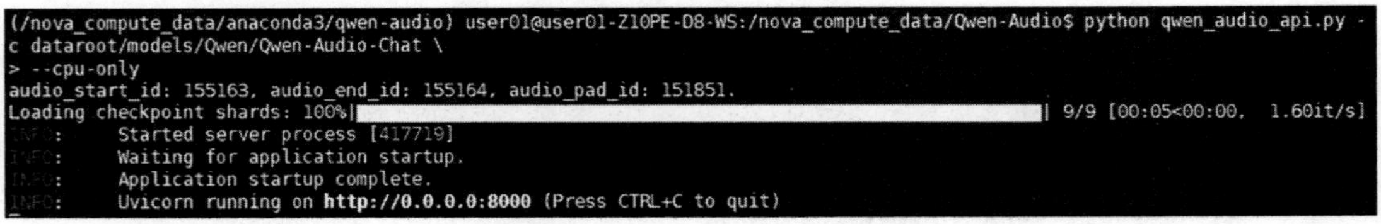

图 15-5　服务端运行情况

2. 客户端运行

在客户端 audio-chat 目录下，运行“npm start”命令，然后在浏览器中访问 http://localhost:3000，即可运行该客户端。如果要录入语音，则要将浏览器切换为设备仿真模式，具体操作如下。

①在 Edge 浏览器界面按 F12 键，打开开发者工具。

②单击“切换设备仿真”或按“Ctrl+Shift+M”组合键，如图 15-6 所示。

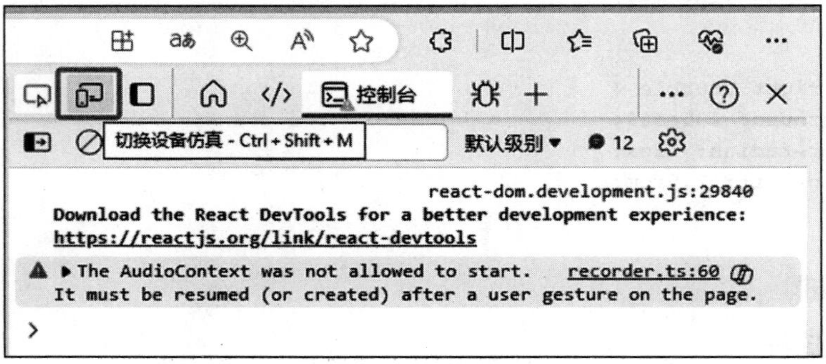

图 15-6　浏览器切换设备仿真模式

查看客户端运行情况。在客户端输入文字或录入语音，则会从服务端返回推理结果，如图 15-7 所示。

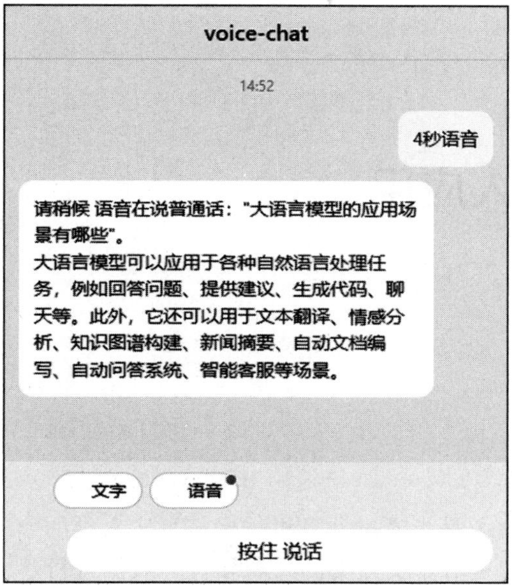

图 15-7　客户端运行情况

Chapter 16 第 16 章

数字人应用

数字人（Meta Human）是指通过计算机技术将真实人类的形象和行为进行数字化再现而生成的虚拟人物，通常是对真实人类的外观和行为数据进行建模及仿真实现的。数字人可以在虚拟环境中展示逼真的人类形象和行为，实现虚拟形象与真实人类之间的互动与交流。数字人可以用于直播、动画、影视、游戏、教育等领域，也可以用于虚拟主持人、聊天机器人等应用中。相关 AI 技术已广泛应用于数字人开发，如人脸识别、StyleGAN[㊀]、first-order-model[㊁]等。本章讨论数字人应用的一个特定场景：文本生成音频，音频驱动静态图像生成视频。

16.1 目标

音频驱动静态图像生成视频是数字人应用的一个常见场景，可用于直播、教学、宣传、咨询等领域。本章使用音频驱动静态图像生成视频的 SadTalker 和文本生成音频的 coqui-ai-TTS，开发一个数字人应用。用户输入文案，通过 coqui-ai-TTS 生成语音（或选择已经录制好的音频），再选择一张静态照片，经过 SadTalker 处理后生成目标视频。也可将前面几章所讲的技术加入数字人视频的制作过程中，如第 9 章中用大语言模型生成文案，以及第 8 章介绍的 Stable Diffusion 生成静态照片等。

㊀ https://arxiv.org/abs/1812.04948。

㊁ https://github.com/AliaksandrSiarohin/first-order-model。

16.2 原理

coqui-ai-TTS 是一款将文本转换到语音的深度学习工具库，支持 1100 多种语言的预训练模型，以这些语言训练新模型和微调现有模型。㊀SadTalker 是一款音频驱动图像“说话”的开源软件库，通过学习风格化的音频来驱动单幅图像开口说话，实现逼真的 3D 人脸动画效果。㊁

把 coqui-ai-TTS 和 SadTalker 技术集成到一个程序中，可以实现从文本到音频再到数字人视频的转换过程，再加上大模型 Chat 应用（用于生成文案）和 Stable Diffusion（用于生成静态人物图像），数字人视频制作的流程变得更加完整。

16.2.1 功能概要

1. 文本生成音频

使用 coqui-ai-TTS 加载中文女声模型 zh-CN/baker/tacotron2-DDC-GST，将输入的文本转成语音 .wav 文件。为了加快生成速度，可以 GPU 作为计算资源。coqui-ai-TTS 输入的文本不能太短，如果只有几个汉字，那么在生成的音频中除了正常语音以外，结尾会是无意义的噪声。

2. 音频驱动静态图像生成视频

SadTalker 处理音频数据获取梅尔频谱等相关特征，按照输入的静态图像计算获得面部渲染的数据，根据梅尔频谱、源图像、源语义、目标语义列表以及相机姿势序列生成视频，最后将视频和音频合成目标视频文件。SadTalker 的视频生成过程由很多参数控制，本章的例程对此进行了简化，大部分参数设定成了默认值。

3. Web 操作界面

使用 Gradio 开发 Web 界面，输入待生成音频的文本或选择录制好的音频文件，选择包含人物面部图像的文件，将生成的视频显示在界面上供用户下载。Web 界面的开发应用了 Gradio 的布局、事件、变量绑定和异常处理、音频和视频的组件等。

16.2.2 系统架构

本章的数字人应用将文生文、文生图、文生音频、音频驱动图像生成等技术进行整合。浏览器中运行的 WebUI 负责获取用户的输入及显示输出，模型计算部分在后台运行，其整体架构如图 16-1 所示。

其中音频的来源有两个：一个是将文本经模型转化后生成，另一个是直接选取已录制好的音频文件。包含人脸的图像是在界面上选取的。音频和视频都经由 Gradio 组件自带的

㊀ https://github.com/coqui-ai/TTS。

㊁ https://github.com/OpenTalker/SadTalker。

功能上传到后台。使用 SadTalker 合成视频后，用 Gradio 组件展现该视频并提供下载路径。

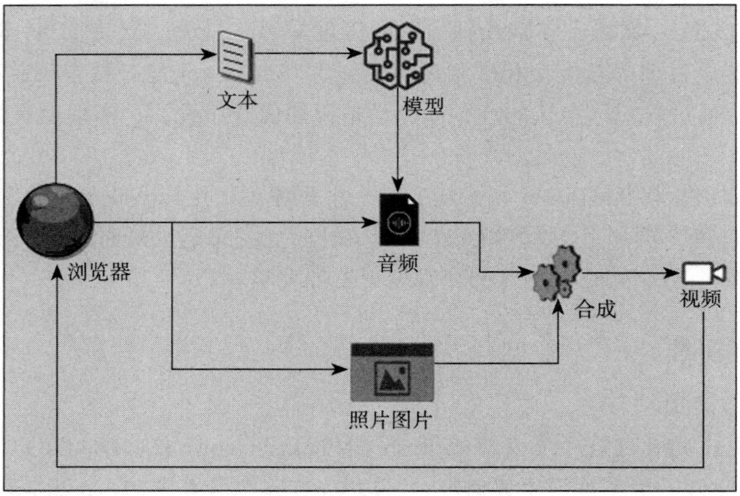

图 16-1　数字人应用架构

16.2.3　运行原理

1. 文本生成音频

coqui-ai-TTS 是一个开源的文本到音频的系统，它是基于深度学习技术实现的，其基本工作原理如下。

①文本预处理：输入的文本首先会经过预处理步骤，包括文本清洗、分词等操作，以便后续处理。

②特征提取：经过文本预处理后，文本会被转换成特征表示。这些特征可以包括音素、声调、语速等信息，用于描述语音的特征。

③声学模型：coqui-ai-TTS 使用深度学习模型来学习文本与语音之间的映射关系，根据输入文本生成对应的语音波形。

④声音合成：在声学模型的基础上，coqui-ai-TTS 会对生成的语音进行合成处理，包括声音的合成、音调的调整等，以提高语音的自然度和流畅度。

⑤输出结果：最后 coqui-ai-TTS 会生成一个音频文件，实现将文本转换为可播放的语音。

2. 音频特征提取

音频驱动图像生成的前提是要对音频文件进行预处理，以获取音频的主要特征，如梅尔频谱图、参考系数、帧数、眨眼比例等。

音频特征提取的主要步骤如下。

①根据音频长度和采样率计算帧数。

②将音频转换为梅尔频谱图。

③根据同步步长和帧率，将梅尔频谱图分割成小块。

④生成随机的眨眼序列，以模拟自然的人类表情。

⑤将数据转换为 PyTorch 张量，并根据需要进行维度调整。

⑥得到处理后的数据，包括个体梅尔频谱图、参考系数、帧数、眨眼比例、音频名称和图片名称等。

3. 图像预处理

根据面部图像，获取源图像、语义信息、目标语义信息等，主要步骤如下。

①加载源图像，并对其进行预处理，将数据转换为张量。

②加载并处理初始语义系数和生成的语义系数。

③对源语义进行转换和重复，以匹配批处理大小。

④处理生成的 3DMM（三维形变模型）系数，根据表情比例进行调整，并根据预处理方式拼接相应的信息。

⑤生成相机姿势序列，并添加到数据中。

⑥得到包含准备好的数据的字典，包括源图像、源语义、目标语义列表、帧数、视频名称等信息。

4. 生成视频

根据音频和照片预处理的信息，生成目标视频文件，主要步骤如下。

①模型生成动画，使用生成器模型、关键点提取器、头部姿态估计器和映射器对输入数据进行处理，生成动画预测视频。

②处理生成的视频帧数据，将其转换为适当的格式并调整大小。

③将处理后的视频帧保存为 .mp4 文件，并添加音频。

④返回生成的视频文件路径。

16.3 开发过程

16.3.1 环境准备

1. 运行环境要求

数字人应用的运行环境需要满足一定要求，详细要求见表 16-1。

表 16-1　数字人应用运行环境的要求

分类	要求	说明
操作系统	Linux 或 Windows	不同操作系统的依赖库安装方法稍有区别。建议使用 Linux，因为在 Windows 上可能会出现 scikit-image 安装失败、NumPy 版本有问题和 Python 递归层数过多等问题，解决起来比较复杂
GPU	内存 6GB 以上	TTS 模型较小，占用内存少，而 SadTalker 会在运行中尽量占满内存，内存越大，运行越快

（续）

分类	要求	说明
PyTorch	2.1.2 及以上	SadTalker 版本需要为 2.1.2 及以上，否则会安装失败
CUDA	12.0 及以上	PyTorch2.1.2 要求 CUDA 的最低版本是 12.0，使用 CUDA11.7 无法安装 PyTorch2.1.2

2. Python 虚拟环境安装

安装 Python 虚拟环境，代码如下。

```
# 建立 Python3.10 环境
conda create -n meta-human python=3.10 -y
conda activate meta-human
# 更新 pip
python -m pip install --upgrade pip
```

3. SadTalker 安装

接下来安装 SadTalker，下面分步提供实现代码。

（1）代码下载

```
git clone https://github.com/OpenTalker/SadTalker.git
cd SadTalker
git checkout cd4c046
```

（2）安装基础依赖库

```
# 使用 Conda 安装 FFmpeg，注意不是用 pip
# 因为 FFmpeg 是在操作系统上调用的，而不是在 Python 环境里
conda install ffmpeg -y
# 使用阿里云镜像安装，还要用到 pep517 参数解决 setuptools 的兼容性问题
pip install -r requirements.txt --use-pep517 -i \
https://mirrors.aliyun.com/pypi/simple/
```

（3）安装 coqui-ai-TTS

```
# WebUI 的 Gradio 需要 coqui-ai-TTS 支持
# 如果在 Windows 中，则需要安装 Visual Studio 生成工具 vs_BuildTools
# 下载
https://visualstudio.microsoft.com/zh-hans/visual-cpp-build-tools/
# 安装
# 只选 " 使用 C++ 的桌面开发 " 一个选项
# 在 Linux 中，有 GCC（GNU Compiler Collection，GNU 编译器套件）即可
# 安装 TTS
pip install TTS -i https://pypi.mirrors.ustc.edu.cn/simple \
--trusted-host=pypi.mirrors.ustc.edu.cn
```

（4）安装 PyTorch

```
# 校验 PyTorch 是否正常安装
python -c "import torch; print(torch.cuda.is_available())"
# 如果为 False，则重新安装
```

```
# 查看推理卡驱动是否支持 CUDA 版本
nvidia-smi
# 根据 CUDA 版本查找 torch 安装命令
# 从 https://pytorch.org/ 首页找 CUDA 对应版本的安装命令
# 如果未找到，则可以在 Previous versinos of Torch 链接中查找
# https://pytorch.org/get-started/previous-versions/
pip uninstall torch -y
pip uninstall torchvision -y
pip uninstall torchaudio -y
# CUDA 版本必须是 12.0 及以上
pip install torch==2.1.2 torchvision==0.16.2 torchaudio==2.1.2 \
--index-url https://download.pytorch.org/whl/cu121
# 校验 PyTorch 是否正常安装
python -c "import torch; print(torch.cuda.is_available())"
```

（5）降低 Gradio 版本

```
# 按照 requirements.txt 安装的 Gradio 运行时会报错，需要降低版本
pip install gradio==3.50.2 -i https://pypi.mirrors.ustc.edu.cn/simple \
--trusted-host=pypi.mirrors.ustc.edu.cn
```

（6）下载模型

```
# 1. Linux
bash scripts/download_models.sh
# 2. Windows
# 下载匹配于 Winodws 的 wget，复制到 c:\windows\system32 路径下
https://eternallybored.org/misc/wget/
# 运行 git bash
在 SadTalker 目录下空白处，右击选择 Open git Bash here
# 下载模型
scripts/download_models.sh
# 或直接从 https://github.com/OpenTalker/SadTalker 主页上通过网盘下载并解压
# 下载完成后，目录结构如下：
SadTalker
├── checkpoints
│   │   mapping_00109-model.pth.tar
│   │   mapping_00229-model.pth.tar
│   │   SadTalker_V0.0.2_256.safetensors
│   │   SadTalker_V0.0.2_512.safetensors
│
├── gfpgan
│   └── weights
│           alignment_WFLW_4HG.pth
│           detection_Resnet50_Final.pth
│           GFPGANv1.4.pth
│           parsing_parsenet.pth
```

（7）TTS/api.py 修改

```
# 在 Linux 上出现 TypeError: 'ModelManager' object is not subscriptable 错误
# 在 Windows 上正常，不用修改
```

```
# 需要修改 TTS/api.py
# 修改方法见 https://github.com/coqui-ai/TTS/issues/3429
# ~/anaconda3/envs/sadtalker1/lib/python3.10/site-packages/TTS
# 指定 conda 目录的 TTS 下
# 或用 sudo find / -name TTS 进行搜索
# 将 api.py 第 126 行，改为
return ModelManager(models_file=TTS.get_models_file_path(), progress_bar=False,
    verbose=False).list_models()
```

（8）app_sadtalker.py 修改

```
# 1. 在 Linux 中，修改 app_sadtalker.py 文件的第 10 行代码，避免下载 TTS 模型
in_webui = True
# 2. 修改 app_sadtalker.py 的最后一行为
demo.launch(server_name='0.0.0.0')
```

（9）启动程序

1）安装 WebUI，代码如下。之后访问 http://127.0.0.1:7860/，运行结果见图 16-2。

```
python app_sadtalker.py
```

2）安装客户端，代码如下。

```
python inference.py --driven_audio <audio.wav> \
    --source_image <video.mp4 or picture.png> \
    --enhancer gfpgan
# 结果保存在 "/ 时间戳 /*.mp4"
```

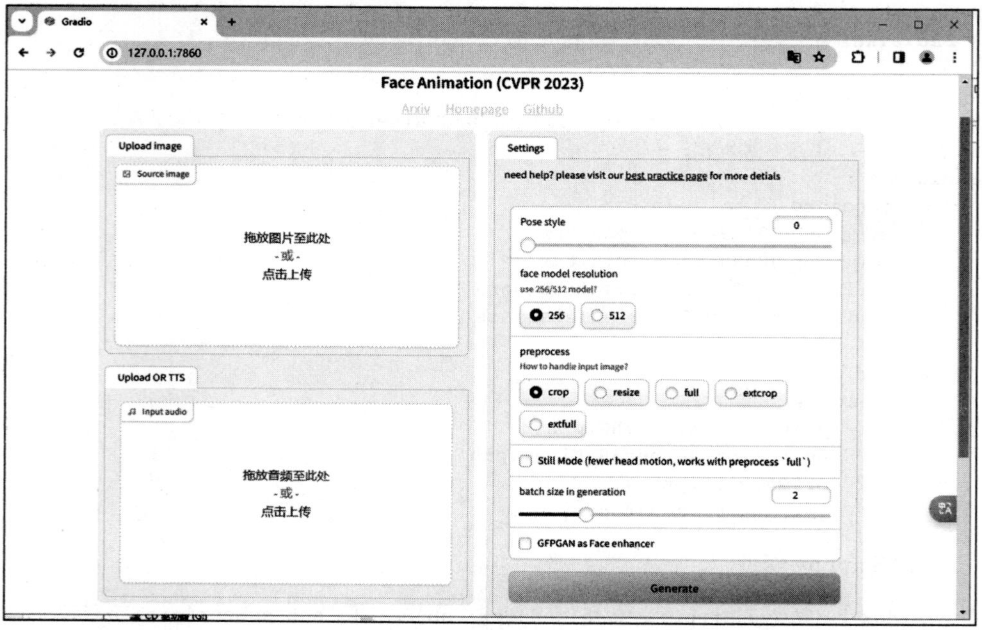

图 16-2　SadTalker Demo 程序

4. coqui-ai-TTS 配置

进行 coqui-ai-TTS 配置，下面分步实现，并提供相应代码。

（1）模型下载

```
# 下载模型文件
https://github.com/coqui-ai/TTS/releases/download/v0.0.10/tts_models--zh-CN--
    baker--tacotron2-DDC-GST.zip
# 在 Windows 中，将文件解压到 C:\Users\ 当前用户名 \AppData\Local 下，如
%USERPROFILE%\AppData\Local\tts\tts_models--zh-CN--baker--tacotron2-DDC-GST
# 在 Linux 中，将文件解压到
/home/user/.local/share/tts/tts_models--zh-CN--baker--tacotron2-DDC-GST
```

（2）测试验证

建一个 Python 文件，命名为 tts-test.py，内容如下。

```
import torch
from TTS.api import TTS


device = "cuda" if torch.cuda.is_available() else "cpu"
print(TTS().list_models())
tts = TTS(model_name="tts_models/zh-CN/baker/tacotron2-DDC-GST",
    progress_bar=False).to(device)
tts.tts_to_file(text=" 你好，请问你叫什么名字？ ", file_path="output.wav")
```

运行以下命令进行验证，如果应用运行正常，就会得到目标文件 output.wav。

```
conda activate meta-human
python tts-test.py
```

16.3.2 源代码

（1）依赖库导入

导入所需的相关依赖库，命令如下。

```
import os
import sys
import shutil
import gradio as gr
import torch
from TTS.api import TTS
from src.utils.preprocess import CropAndExtract
from src.test_audio2coeff import Audio2Coeff
from src.facerender.animate import AnimateFromCoeff
from src.utils.init_path import init_path
from src.generate_facerender_batch import get_facerender_data
from src.generate_batch import get_data
```

（2）默认参数定义

默认参数的定义如以下代码所示。

```
device = "cuda" if torch.cuda.is_available() else "cpu"
tts = None
preprocess_model = None
animate_from_coeff = None
audio_to_coeff = None
preprocess = 'crop'
size = 256

# torch 内存回收
def torch_gc():
    if torch.cuda.is_available():
        torch.cuda.empty_cache()
        torch.cuda.synchronize()
    import gc
    gc.collect()
```

（3）模型装载

进行模型装载，代码如下。

```
def load_tts_model():
    global tts
    print(TTS().list_models())
    tts = TTS(model_name="tts_models/zh-CN/baker/tacotron2-DDC-GST",
            progress_bar=False).to(device)

def load_sadtalker_model():
    global preprocess_model
    global animate_from_coeff
    global audio_to_coeff
    checkpoint_path = 'checkpoints'
    os.environ['TORCH_HOME'] = checkpoint_path
    config_path = 'src/config'

    sadtalker_paths = init_path(
        checkpoint_path, config_path, size, False, preprocess)
    # 根据输入的音频和姿势风格生成表情与姿势的模型
    audio_to_coeff = Audio2Coeff(sadtalker_paths, device)
    # 从视频或图像文件中提取关键信息的模型
    preprocess_model = CropAndExtract(sadtalker_paths, device)
    # 生成视频并对其进行大小调整、音频处理的模型
    animate_from_coeff = AnimateFromCoeff(sadtalker_paths, device)
```

（4）文本转音频

实现从文本到音频的转换，代码如下。

```
def text2audio(_text):
    output = "output.wav"
```

```
    if len(_text) < 10:
        raise gr.exceptions.Error('需要至少 10 个汉字')
    tts.tts_to_file(text=_text, file_path=output)
    return output
```

（5）生成视频

生成视频，代码如下。

```
def generate_video(source_image, driven_audio):
    batch_size = 1
    exp_scale = 1.0
    use_enhancer = False
    save_dir = './results/'
    # 准备目录
    os.makedirs(save_dir, exist_ok=True)
    input_dir = os.path.join(save_dir, 'input')
    os.makedirs(input_dir, exist_ok=True)
    # 复制图像文件到 input 目录
    pic_path = os.path.join(input_dir, os.path.basename(source_image))
    shutil.copy2(source_image, input_dir)
    # 复制音频文件到 input 目录
    if driven_audio is not None and os.path.isfile(driven_audio):
        audio_path = os.path.join(input_dir,
                                  os.path.basename(driven_audio))
    shutil.copy2(driven_audio, input_dir)
    # 人脸识别
    first_frame_dir = os.path.join(save_dir, 'first_frame_dir')
    os.makedirs(first_frame_dir, exist_ok=True)
    first_coeff_path, crop_pic_path, crop_info = \
        preprocess_model.generate(pic_path, first_frame_dir,
                                  preprocess, True, size)
    if first_coeff_path is None:
        raise gr.exceptions.Error("未检测到人脸")
    # 从音频数据中提取特征
    batch = get_data(first_coeff_path, audio_path, device,
            ref_eyeblink_coeff_path=None, still=False,
            idlemode=False,
            length_of_audio=0, use_blink=True)
    coeff_path = audio_to_coeff.generate(batch, save_dir, 0, None)
    # 根据音频特征准备面部渲染的数据
    data = get_facerender_data(coeff_path, crop_pic_path,
                               first_coeff_path,
                               audio_path, batch_size, still_mode=False,
                               preprocess=preprocess,
                               size=size, expression_scale=exp_scale)
    # 根据特征生成目标视频
    return_path = animate_from_coeff.generate(
        data, save_dir,  pic_path,
        crop_info, enhancer='gfpgan' if use_enhancer else None,
        preprocess=preprocess, img_size=size)
```

```
    video_name = data['video_name']
    print(f'The generated video is named {video_name} in {save_dir}')
    torch_gc()
    return return_path
```

（6）WebUI

安装应用的 WebUI，代码如下。

```
def meta_demo():
    with gr.Blocks(analytics_enabled=False) as demo_interface:
        gr.Markdown("<div align='center'> <h2>数字人演示</h2></div>")
        with gr.Row().style(equal_height=False):
            with gr.Column(variant='panel'):
                with gr.Tabs(elem_id="source_audio"):
                    with gr.TabItem('音频输入'):
                        tts = gr.Button(
                            '文本生成音频', elem_id="audio_generate",
                            variant='primary')
                        with gr.Column(variant='panel'):

                            input_text = gr.Textbox(
                                label="文本生成音频[至少输入10个字]",
                                lines=5,
                                placeholder="请输入文本")
                    driven_audio = gr.Audio(
                        label="Audio", source="upload",
                        type="filepath")
                with gr.Tabs(elem_id="source_image"):
                    with gr.TabItem('照片输入'):
                        with gr.Column(variant='panel'):
                            source_image = gr.Image(
                                label="Image", source="upload",
                                type="filepath",
                                elem_id="image").style(width=512)
                with gr.Column(variant='panel'):
                    with gr.TabItem('视频输出'):
                        with gr.Tabs(elem_id="video_area"):
                            with gr.Row():
                                submit = gr.Button(
                                    '视频生成', elem_id="video_generate",
                                    variant='primary')
                        with gr.Tabs(elem_id="dist_video"):
                            gen_video = gr.Video(
                                label="视频",
                                format="mp4").style(width=256)
            submit.click(
                fn=generate_video,
                inputs=[source_image,
                        driven_audio],
                outputs=[gen_video]
```

```
        )
        tts.click(fn=text2audio, inputs=[
            input_text], outputs=[driven_audio])

    return demo_interface
```

（7）程序入口

提供应用程序的入口，如下所示。

```
if __name__ == "__main__":
    load_tts_model()
    load_sadtalker_model()
    demo = meta_demo()
    demo.queue()
    demo.launch(server_name="0.0.0.0")
```

16.3.3　测试

将源程序命名为 meta-human.py，在 Python 语言环境下执行。程序运行结果如图 16-3 所示。

```
conda activate meta-human
python meta-human.py
```

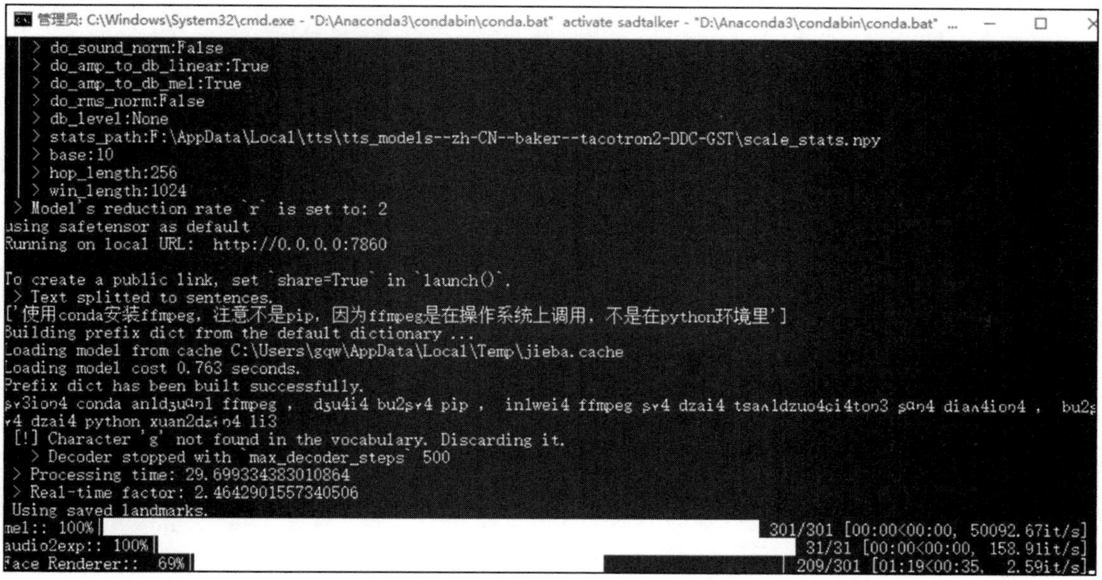

图 16-3　数字人应用后台

访问 http://127.0.0.1:7860/，WebUI 的运行结果如图 16-4 所示。

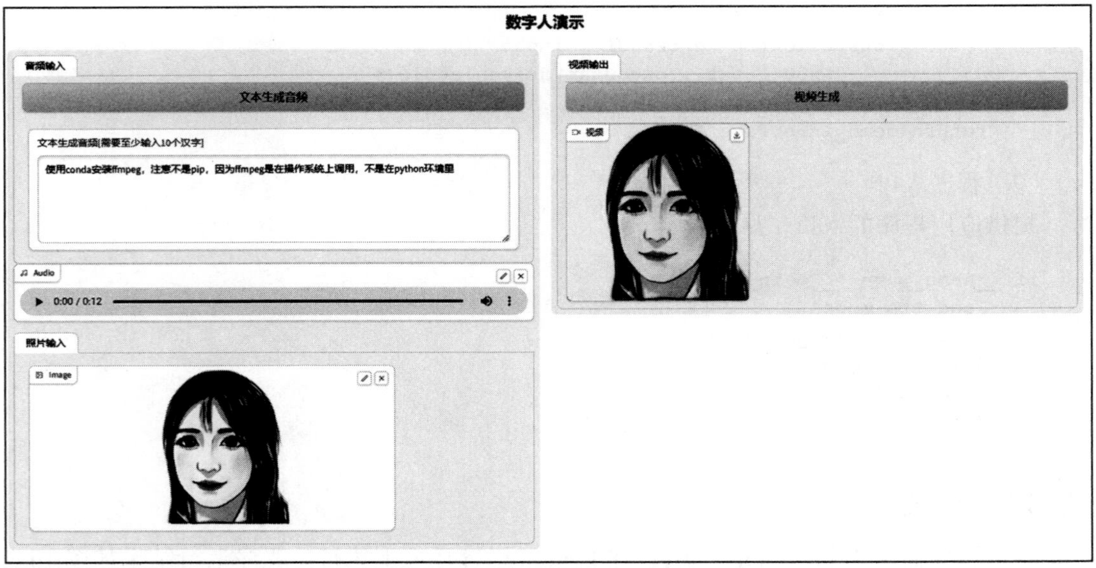

图 16-4　数字人应用 WebUI

第 17 章 Chapter 17

提示词生成应用：从零训练模型

前面所讲的内容中直接采用了预训练模型或在预训练模型上进行微调后投入使用，这些模型的参数量已经达到很高的规模，模型储备了大量的知识，可以实现强大的功能。在学习这些内容的过程中，读者很可能会产生一些疑问：这些预训练模型是怎么形成的？我们可否在较低的算力条件下自己训练一个小规模的预训练模型？

本章主要讲解如何从零训练一个模型，并将其应用于提示词的生成场景中。本章的开发工作涉及大语言模型训练的大部分流程，包括语料的整理、词汇表的生成、语料向量化、训练和应用环节。

17.1 目标

有别于之前直接使用或微调一个预训练模型，本章使用 GPT-2 技术从零开始训练一个提示词生成模型，用较少的语料、较低的算力，在较短的时间内训练一个规模较小、场景范围限定的预训练模型。过程中涉及语料整理、词汇表生成、向量化、训练和接口应用等环节，都用 Python 程序实现。经过本章的实践，读者可以学习到大语言模型训练的基本原理和大部分流程。

本应用的名称是 prompt-gen，意为“提示词生成器”，即在专业领域的语料上训练得到一个模型，并在此基础上开发一个用于生成提示词的应用。用户输入提示词的前几个字，该应用就能预测并生成后续的提示词句子，并可一次生成多个候选项。其使用场景类似于搜索引擎输入框或者汉字输入法工具，区别在于该应用提供的候选项是句子而非词或短语。

17.2 原理

17.2.1 GPT-2

1. GPT-2 简介

GPT-2 是 OpenAI 开发的一种基于 Transformer 架构的自然语言处理模型，是 GPT 系列模型的第二代，于 2019 年发布。由于大语言模型发展迅速，进化非常快，短短几年间 GPT 经历了几个大版本的迭代，为业界带来了巨大的技术冲击，如 GPT-2 具有强大的文本生成能力，GPT-3 应用于 Github Copilot 协助开发者编程，ChatGPT 基于模型技术 GPT-3.5 实现，多用途的 GPT-4 目前正在流行。相对于 GPT-2，GPT-4 在参数规模、功能、性能等方面，都已拉开相当大的差距。但从工作原理方面来看，两者都采用了 Decoder-only 的 Transformer 架构，采用预训练、无监督学习等技术。而经过了这几年的发展，GPT-4 在架构上进行了优化，对 Transformer 模型进行了改进或变种，在更大规模、更多样化的数据集上进行了训练，从而学习到更丰富的语言表示，其参数规模更大，能够捕捉更复杂的语言模式和关联，在生成文本的质量、理解能力上实现了显著提升。

从大语言模型学习的角度来考虑，GPT-2 代表了自然语言处理领域的一次重要突破，为后续模型的发展铺平了道路。GPT 后续版本的技术体系与 GPT-2 有很多相似性，所以学习 GPT-2 模型训练过程，也会对 GPT 系列其他产品的运行原理具有一定的了解。

从应用的角度来考虑，GPT-2 在生成文本时表现得流畅自然，可以产生连贯的文章、故事和代码，其参数规模小、训练周期短、运行效率高，用途很广，还能应用于某些特定的垂直领域，比如医疗文书的推理生成、专用搜索的提示词生成、专业知识问答等。

从大语言模型的技术实践来考虑，用已有的大语言模型进行二次训练叫“微调”，用 GPT-2 从零训练一个模型才叫“训练”。训练产生预训练模型，微调在预训练模型上进行，两者有本质的区别。掌握了训练过程和方法，对微调的原理和过程的认识就会更为清晰。

2. GPT-2 的特点

GPT-2 是 OpenAI 最后一个开源 GPT 版本，后续的 GPT-3、GPT-3.5、GPT-4 都不再开源。正因为如此，开发者可以基于 Transformers 库封装的 GPT-2 相关代码训练全新的预训练模型，而不是用预训练模型微调。由于 GPT-2 出现较早，以 GPT-2 为基础训练一个通用大模型的成本非常高，效果也不会太好。但作为一个应用于垂直领域的底座模型及构建推理补全应用的技术体系，GPT-2 完全可以胜任。

GPT-2 基于 Transformer 架构实现，通过在大规模文本数据上进行自监督学习，可以学习到丰富的语言表示。在预训练阶段，模型通过“阅读”大量文本数据来学习语言的内在结构和规律，从而为后续的微调任务提供良好的基础。这种预训练方法使得模型能够更快速地适应特定任务的需求，提高了模型的泛化能力和适应性。

作为一种无监督学习模型，GPT-2 可以在没有人工标注数据的情况下进行训练，从而避免了标注大量数据的繁重工作。无监督学习使得模型更具通用性和灵活性，可以适用于各种自然语言处理任务，为模型的应用范围和潜力带来了显著的扩展。

除了文本生成外，GPT-2 还可以应用于机器翻译、情感分析等多种自然语言处理任务。这种通用性使得 GPT-2 成为一个“多才多艺”的模型，能够适应不同领域和任务的需求，为自然语言处理领域的研究和应用提供了丰富的可能性。

17.2.2　训练流程与应用架构

prompt-gen 是一个从模型训练到推理的应用，其开发过程基本涵盖了大语言模型文本应用的大部分技术环节。流程中各个环节之间的关系见图 17-1。

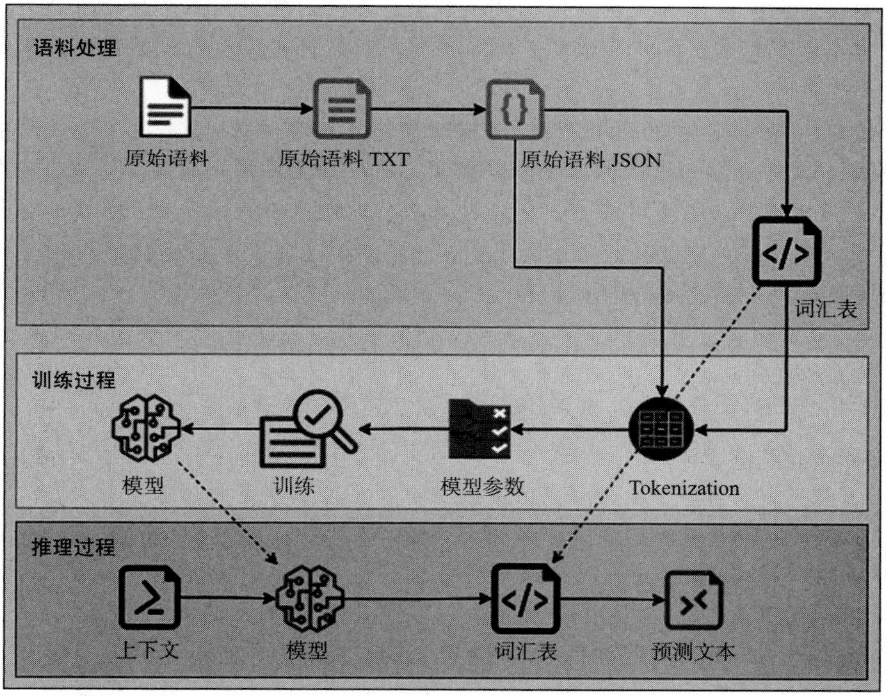

图 17-1　prompt-gen 模型训练流程与应用架构图

其主要流程如下。

①原始语料收集：采集来的语料整理成 TXT 格式文件。

②语料 JSON 格式转换：将 TXT 格式转换成 JSON 格式，便于后续处理。

③词汇表生成：从语料 JSON 文件中计算生成词汇列表文件。

④ Tokenization ：使用词汇表中的词汇和索引位置，将语料 JSON 的内容分隔成若干份由“token id”组成的数字表示文件。

⑤训练过程：初始化模型参数，装载 tokenized 文件，经过前向推理计算损失函数、反向传播、计算当前梯度和根据梯度更新网络参数等过程，训练生成模型。

⑥推理过程：输入上下文文本，模型推理生成 token 序列，再由词汇表翻译成预测目标明文。

17.2.3 训练方法与运行原理

1. 语料的收集

大语言模型的语料收集过程是一个关键的步骤，直接影响模型的预训练效果和性能。在收集语料时，需要考虑数据的质量、多样性和覆盖范围，以确保模型能够学习到丰富和具有代表性的语言知识。

为了确保模型能够正确理解和处理文本数据，需要对数据格式进行标准化处理。这包括统一的文本编码格式、句子分隔符、标点符号等，以便模型能够准确地识别句子和段落的边界。

对于特定用途、规模较小的模型，语料的来源比较单一，一般来自专业领域的文章或结构化数据。首先将这些原始语料整理成 TXT 文件。在提示词生成的场景中，主要考虑段落、句子内部单词之间的逻辑结构，所以对原始文本语料的处理较为粗放，以“行”为单位，每行文本作为一个 JSON 元素，组织成一个大的数组，完成语料的初步收集。

例如，以下为 TXT 格式的原始语料。

```
建议化验痰培养，以及肺炎支原体抗体，明确致病原因后，针对性选择药物
需要排除其他原因引起的咳嗽，比如过敏性咳嗽
对于慢性咳嗽疾病的出现，应该做到早发现早治疗
因为早期的慢性咳嗽是容易得到控制的
患者们不要错过治疗的好时机
```

将上述语料整理成 JSON 数组，格式如下。

```
[" 建议化验痰培养，以及肺炎支原体抗体，明确致病原因后，针对性选择药物 ",
    " 需要排除其他原因引起的咳嗽，比如过敏性咳嗽 ",
    " 对于慢性咳嗽疾病的出现，应该做到早发现早治疗 ",
    " 因为早期的慢性咳嗽是容易得到控制的 ",
    " 患者们不要错过治疗的好时机 "]
```

注意：每行文本在 TXT 文件中是“行”，在 JSON 文件中依然是“行”，本质上没有区别，只是为方便后续处理而进行了格式转换。

2. 词汇表生成

在 GPT 中，词汇表（Vocabulary）的作用是将文本数据中的单词映射为模型可以理解和处理的数字表示，包含了模型所能识别的大部分单词及其对应的索引。出于性能上的考虑，词汇表中一般不会包括所有的词，而且词汇表来源于原始语料。

词汇表中的每个单词都会被映射到一个唯一的索引，这样模型可以通过索引来表示和处理单词。词汇表中的单词索引用于查找对应的词嵌入（Word Embedding）。词嵌入是将单

词表示为密集向量的方法，有助于模型理解单词之间的语义关系。在生成文本序列时，词汇表用于将模型输出的单词索引转换回对应的单词，从而生成可读的文本。

在本章的训练实例中，使用了 Keras 中的 tokenizer.fit_on_texts 函数构建词汇表，以便将文本数据转换为数字序列，其中每个不重复的词会被分配一个唯一的索引，用于后续的文本序列编码和解码过程。在实际应用中，词汇的数字化表示会在推理前生成，而在词汇表生成的阶段，只是将词汇表中的词汇序列存储成纯文本文件。由于以“行”为单位的文本（如“对于慢性咳嗽疾病的出现，应该做到早发现早治疗”）作为词汇来说太长，应该继续分拆成 [“对于”，“慢性”，“咳嗽”……] 这样的词汇，所以在生成词汇表前，还要对 JSON 中的每条数据进行分词处理。除了从语料中反向生成的词汇外，词汇表中还要加入一些 GPT 专用的特殊词汇，如 [SEP]、[CLS]、[MASK]、[PAD]、[UNK]。

- [SEP]：用作分隔符，用于分隔不同的文本片段或句子。
- [CLS]：用作分类符，通常放在输入序列的开头，用于表示整个序列的分类或标记任务。
- [MASK]：用作掩码符，用于在预训练阶段进行掩码语言建模任务。模型需要预测被掩码的词语。
- [PAD]：用作填充符，用于填充序列以使其长度相等，以便进行批量处理。
- [UNK]：用作未知符，表示模型未能识别的词或标记。

生成的词汇表结果包括了特殊词汇、字、词、标点符号等，每一个词占一行，从 0 开始计算索引。举例来说，[SEP] 的索引是 0，“的”的索引是 6。这些索引在对语料进行分词标记时作为每个分词的数字表示。

```
[SEP]
[CLS]
[MASK]
[PAD]
[UNK]
的
是
不
治疗
。
……
```

3. 分词标记

分词标记（Tokenization）是一个词汇处理领域的术语，指的是将文本数据分解成单个标记（token）的过程。在自然语言处理中，文本数据通常需要经过分词标记的步骤，即将连续的文本序列分隔成单个的词语或符号。分词后的文本数据更容易被计算机进行处理和分析，也是许多 NLP 任务的执行基础。

具体步骤如下。

①用词汇表构造一个 BERT Tokenizer 分词标记器对象。

②将原始语料中的换行符“\n”替换为 [SEP]，表示换行和段落结束。

③基于性能上的考虑，将原始语料切分成多份（默认 100 份）。

④将分词后的句子转换为对应的 token id。

⑤在每个子句之前添加 [MASK] 表示文章开始，在每个子句之后添加 [CLS] 表示文章结束，如下所示。

```
句子：[MASK] 慢性 胃炎 好好 救治 是 可以 根治 的 [CLS]
token id:2 164 349 2071 83 8 13 826 6 1
```

这里开始的“2”表示 [MASK]，“1”表示 [CLS]，因为 [MASK] 和 [CLS] 词汇表中的索引位置是 2 和 1，中间是子句的数字表示。词与 token id 的对应关系见表 17-1。

表 17-1　词与 token id 对应示例

词汇	[MASK]	慢性	胃炎	好好	救治	是	可以	根治	的	[CLS]
词汇表索引	2	164	349	2071	83	8	13	826	6	1

4. 训练过程

经过分词标记后，后续的训练就与原始语料没有关系了。训练的数据来自“2 164 349 2071 83 8 13 826 6 1”，而非“[MASK] 慢性 胃炎 好好 救治 是 可以 根治 的 [CLS]”，一个语言问题就这样变成了数字计算问题。训练的过程如下。

①初始化模型参数：从给定的配置文件中加载模型配置参数，初始化 GPT-2 模型，既可以从零开始训练，也可以从上次训练的检查点开始训练（可以理解为装载预训练模型来进行继续训练）。

②初始化训练变量：设定一些训练过程中需要使用的变量，如 n_ctx（上下文长度）、tb_writer（用于记录训练日志）、multi_gpu（是否使用多 GPU 训练）、full_len（数据集总长度）、overall_step（总步数）、running_loss（运行损失）等。

③计算总步数：根据数据集长度、训练轮数、批大小等参数计算总步数。

④初始化优化器和学习率调度器：使用 AdamW 优化器和 WarmupLinearSchedule 学习率调度器进行模型优化与学习率调整。如果启用了混合精度训练（FP16），则使用 apex 库进行初始化。

⑤多 GPU 支持：如果检测到有多个 GPU 可用，则将模型放到多个 GPU 上进行训练。

⑥训练模型：循环每个训练轮次，遍历所有数据分片，准备数据并进行前向推理、计算损失函数、反向传播、更新网络参数等操作，在每个训练轮次结束后保存模型检查点。

⑦保存最终模型：完成所有轮次后，模型训练完成，保存最终的模型。

5. 推理

模型训练完成后，就可以使用模型进行预测了。给定上文，让模型预测出下文的候选结果，具体步骤如下。

①构造上下文管理器，关闭 PyTorch 的梯度追踪功能，在生成文本时不需要计算梯度。

②使用预训练的模型对给定的输入进行预测，同时传入历史信息。

③从模型输出中提取出预测和更新后的历史信息，以备下次预测时使用。

④从模型输出中取出最后一个输出的 token，并进行温度缩放，以控制生成文本的多样性。

⑤对经过温度缩放后的输出进行 top-k 和 top-p 过滤，得到过滤后的对数概率 logits。

⑥根据过滤后的 logits，使用抽样方法从 softmax 分布中采样一个 token。

⑦将采样得到的 token 添加到文本生成序列中。

⑧将采样得到的 token 作为下一个输入，继续生成下一个 token。

⑨通过循环逐步生成 token 序列，并在每一次循环中根据模型输出和采样策略得到下一个 token，直到生成指定长度的 token 序列为止。

⑩此时生成的 token 序列还不是明文，需要用分词标记器 tokenizer 将序列中的每个 token id 对应转化为词汇表中的词汇，最后将这些词汇连成句子。考虑到中文和英文的差异，英文单词前后要加空格。

6. 接口服务

采用 aiohttp 的异步 Web 服务，对预训练模型文本生成功能进行封装。客户端发送 HTTP 的 POST 请求，服务端监听到请求后，调用模型生成候选项列表，返给客户端。

例如，客户端发送的请求如下。

```
{"context":" 你好 ","maxlength":50,"samples":5}
```

该请求表示，在本次生成任务中，上文是“你好”，生成的最大长度为 50，生成 5 个候选项。

服务端接收到此请求后，解析出 context、maxlength 和 samples 三个参数，调用模型生成推理的结果后返回给客户端。

```
[" 你好! 对于你这种情况, ... ...",
" 你好 : 根据您的描述, 您的甲状腺 ... ...",
" 你好, 这种情况首先要排除 ... ...",
" 你好, 这种情况 ... ...",
" 你好, 这是因为 ... ..."]
```

17.3　开发与训练过程

GPT-2 技术出现较早，在 GitHub 上有大量的成熟代码可供参考，其中 GPT2-Chinese[㊀] 获得了 7.3K 的 Star，研究 GPT2-Chinese 的代码对于学习 GPT 系列模型大有益处。本章的训练代码参考了 GPT2-Chinese 的实现过程，并进行了参数简化、代码职责分离和功能扩充等方面的优化。下面对 GPT-2 的完整训练过程进行分步介绍，便于读者学习。其完整代码见 https://github.com/little51/llm-dev/tree/main/chapter17。

㊀ https://github.com/Morizeyao/GPT2-Chinese。

17.3.1 语料整理

1. 语料整理环境建立

语料的建立过程是对语料进行整理、格式转换和从中分析出大部分词汇的过程，其中用到了 thulac 分词工具和 Keras 字处理工具。thulac（THU Lexical Analyzer for Chinese）是一个由清华大学研发推出的一套中文词法分析工具包，具有中文分词和词性标注功能。Keras 是一个用 Python 编写的高级神经网络 API，依赖于 Google 的 TensorFlow 机器学习框架。其组件 keras.preprocessing.text 是一个文本预处理工具类，该类允许使用两种方法向量化一个文本语料库：一种是将每个文本转化为一个整数序列（每个整数都是词汇表中标记的索引）；另一种是将其转化为一个向量。其中每个标记的系数可以是二进制值、词频、TF-IDF 权重等。

首先，建立一个测试目录。

```
mkdir prompt-gen
cd prompt-gen
```

然后，建立一个 Python3.10 虚拟环境，名为 prompt-vocab，命令如下。

```
conda create -n prompt-vocab python=3.10 -y
conda activate prompt-vocab
```

接着，新建一个库依赖列表文件，名为 requirements-vocab.txt，内容如下。

```
tqdm==4.66.2
thulac==0.2.2
tensorflow==2.15.0
keras==2.15.0
```

最后，按照依赖关系安装依赖库，命令如下。

```
pip install -r requirements-vocab.txt -i \
https://pypi.mirrors.ustc.edu.cn/simple \
--trusted-host=pypi.mirrors.ustc.edu.cn
```

2. 语料 JSON 格式生成

对收集到的原始语料进行简单处理，保存为 TXT 格式的文件，并存放到 data 目录下。编写格式转换程序 build_trainfile.py，将 TXT 语料转换成 JSON 格式的文件——data/train.json。build_trainfile.py 的源码如下。

```
import json
import glob
if __name__ == "__main__":
    names = glob.glob("./data/*.txt")
    train_data = []
    x = 0
    for j, name in enumerate(names):
```

```
        f = open(name, 'r+', encoding="utf-8")
        lines = [line for line in f.readlines()]
        for i in range(lines.__len__()):
            text = lines[i].strip()
            train_data.append(text)
        f.close()
        x = x + 1
        print(str(x) + " of " + str(len(names)))

    with open('./data/train.json', 'w+', encoding="utf-8") as f:
        json.dump(train_data, f, ensure_ascii=False)
```

运行以下命令，生成目标文件 data/train.json。

```
conda activate prompt-vocab
# 将 data/*.txt 生成 train.json
python build_trainfile.py
```

3. 词汇表生成

词汇表生成过程的输入是语料文件 data/train.json，输出是词汇表文件 vocab/vocab_user.txt。该处理过程用到了中文分词和文本序列化，默认生成 50000 个词，再加上 5 个特殊词汇，一共 50005 个。make-vocab.py 的完整代码如下。

```
import argparse
import thulac
import json
from tqdm import tqdm
from keras.preprocessing.text import Tokenizer

def make_vocab(raw_data_path, vocab_file, vocab_size):
    lac = thulac.thulac(seg_only=True)
    tokenizer = Tokenizer(num_words=vocab_size)

    with open(raw_data_path, 'r', encoding='utf-8') as f:
        lines = json.load(f)
        for i, line in enumerate(tqdm(lines)):
            try:
                lines[i] = lac.cut(line, text=True)
            except:
                lines[i] = ''
    tokenizer.fit_on_texts(lines)
    vocab = list(tokenizer.index_word.values())
    pre = ['[SEP]', '[CLS]', '[MASK]', '[PAD]', '[UNK]']
    vocab = pre + vocab
    with open(vocab_file, 'w', encoding='utf-8') as f:
        for word in vocab[:vocab_size + 5]:
            f.write(word + '\n')

if __name__ == "__main__":
    parser = argparse.ArgumentParser()
```

```
    parser.add_argument('--raw_data_path',
                        default='./data/train.json',
                        type=str, required=False)
    parser.add_argument('--vocab_file',
                        default='./vocab/vocab_user.txt',
                        type=str, required=False)
    parser.add_argument('--vocab_size', default=50000,
                        type=int, required=False)
    args = parser.parse_args()
    make_vocab(args.raw_data_path, args.vocab_file,
               args.vocab_size)
```

运行以下命令，生成词汇表文件。

```
conda activate prompt-vocab
# 按 train.json 生成词汇表
python make-vocab.py
```

17.3.2 训练

1. 训练环境建立

语料处理过程依赖的 TensorFlow 与训练过程 keras3.1.1 之间有依赖冲突，所以分别建立两个 Python 虚拟环境以进行隔离：一个是 prompt-vocab，用于词汇表生成；另一个是 prompt-train，用于训练。其实现过程如下。

首先，建立一个 Python3.10 虚拟环境，名为 prompt-train，命令如下。

```
conda deactivate
conda create -n prompt-train python=3.10 -y
conda activate prompt-train
```

然后，新建一个库依赖列表文件，名为 requirements-train.txt，内容如下。

```
transformers==2.1.1
torch==2.0.1
numpy==1.26.4
tqdm==4.66.2
scikit-learn==1.4.1.post1
future==1.0.0
thulac==0.2.2
aiohttp_cors==0.7.0
keras==3.1.1
tensorboard==2.16.2
packaging==24.0
```

最后，按照依赖关系安装依赖库，命令如下。

```
pip install -r requirements-train.txt -i \
https://pypi.mirrors.ustc.edu.cn/simple \
--trusted-host=pypi.mirrors.ustc.edu.cn
```

2. 分词标记

分词标记的过程在 make_tokenized.py 中实现。使用 BertTokenizer 装载词汇表，将所有语料分隔成片段（piece），针对每片中的句子进行分词标记处理，形成的 tokenized 文件与词汇表中的词汇索引相关。以下为执行此操作的 make-tokenized.py 的源代码。

```
import json
import argparse
import os
from tqdm import tqdm
from tokenizations import tokenization_bert_word_level as \
    tokenization_bert

def make_tokenized(raw_data_path, tokenized_data_path, vocab_filename,
            num_pieces, min_length):
    # 初始化 Tokenizer
    full_tokenizer = tokenization_bert.BertTokenizer(
        vocab_file=vocab_filename)
    full_tokenizer.max_len = 999999
    # 读取原始数据文件 raw_data_path 中的内容
    # 并用 [SEP] 替换换行符 "\n"，以表示换行和段落结束
    with open(raw_data_path, 'r', encoding='utf8') as f:
        lines = json.load(f)
        lines = [line.replace('\n', ' [SEP] ')
                for line in lines]
    all_len = len(lines)
    if not os.path.exists(tokenized_data_path):
        os.mkdir(tokenized_data_path)
    # 根据参数 num_pieces 将数据分成若干片段，每片段处理部分数据
    for i in tqdm(range(num_pieces)):
        sublines = lines[all_len // num_pieces *
                    i: all_len // num_pieces * (i + 1)]
        if i == num_pieces - 1:
            # 把尾部例子添加到最后一个片段
            sublines.extend(lines[all_len // num_pieces *
                        (i + 1):])
        sublines = [full_tokenizer.tokenize(line) for line
                in sublines if
                len(line) > min_length]
        sublines = [full_tokenizer.convert_tokens_to_ids(
            line) for line in sublines]
        full_line = []
        for subline in sublines:
            # 在每个子句之前添加 [MASK] 表示子句开始
            full_line.append(full_tokenizer.convert_tokens_to_ids(
                '[MASK]'))
            full_line.extend(subline)
            # 在每个子句之后添加 [CLS] 表示子句结束
            full_line.append(full_tokenizer.convert_tokens_to_ids(
                '[CLS]'))
```

```
        with open(tokenized_data_path +
                    '/tokenized_train_{}.txt'.format(i), 'w') as f:
            for id in full_line:
                f.write(str(id) + ' ')

if __name__ == "__main__":
    parser = argparse.ArgumentParser()
    parser.add_argument('--raw_data_path',
                        default='./data/train.json',
                        type=str, required=False)
    parser.add_argument('--tokenized_data_path',
                        default='./tokenized',
                        type=str, required=False)
    parser.add_argument('--vocab_filename',
                        default='./vocab/vocab_user.txt',
                        type=str, required=False)
    parser.add_argument('--num_pieces', default=100, type=int,
                        required=False)
    parser.add_argument('--min_length', default=128, type=int,
                        required=False)
    args = parser.parse_args()
    make_tokenized(args.raw_data_path, args.tokenized_data_path,
                    args.vocab_filename, args.num_pieces,
                    args.min_length)
```

运行以下命令，生成 tokenized 文件。而有 num_pieces 个目标文件将在 tokenized 文件夹下生成。

```
conda activate prompt-train
python make-tokenized.py
```

3. 训练过程

模型训练过程相对于其他步骤来说较为复杂，可以细分为依赖库导入、初始化模型参数、初始化变量、计算总步数、FP16 支持、多 GPU 支持、训练计算等步骤，下面分别介绍。

（1）依赖库导入

模型训练过程中主要用到了 Transformers、PyTorch、NumPy 等依赖库。

```
import transformers
import torch
import os
import json
import random
import numpy as np
import argparse
from torch.utils.tensorboard import SummaryWriter
from datetime import datetime
from tqdm import tqdm
from torch.nn import DataParallel
```

（2）初始化模型参数

按 model_config 设定的模型参数文件来初始化模型，主要参数如下。

```
{
    "initializer_range": 0.02, # 初始化模型参数范围，影响模型收敛速度和性能
    "layer_norm_epsilon": 1e-05,# 用于避免除零错误和确保数值稳定性
    "n_ctx": 1024, # 模型在处理输入时所支持的最大 token 长度
    "n_embd": 768, # 模型中词嵌入的维度，值越大，生成的文本越丰富和准确
    "n_head": 12,  # 注意力头的数量，影响模型的并行性和表征能力
    "n_layer": 12, # Transformer 中编码器和解码器的层数，较大的值通常可提高模型的性能和泛
        化能力
    "n_positions": 1024, # 模型能够处理的最大序列长度
    "vocab_size": 50005 # 词汇数量
}
```

其源程序如下。

```
device = 'cuda' if torch.cuda.is_available() else 'cpu'
def init_model(args):
    model_config = transformers.modeling_gpt2.GPT2Config.\
        from_json_file(
            args.model_config)
    print('模型配置参数:\n' + model_config.to_json_string())
    if not args.pretrained_model:
        model = transformers.modeling_gpt2.GPT2LMHeadModel(
            config=model_config)
    else:
        model = transformers.modeling_gpt2.GPT2LMHeadModel.\
            from_pretrained(
                args.pretrained_model)
    model.train()
    model.to(device)
    num_parameters = 0
    parameters = model.parameters()
    for parameter in parameters:
        num_parameters += parameter.numel()
    print('参数个数: {}'.format(num_parameters))
    return model, model_config
```

（3）初始化变量

定义训练时会用到一些变量的初始值，如下所示。

```
def init_variable(args, model_config):
    n_ctx = model_config.n_ctx
    tb_writer = SummaryWriter(log_dir=args.writer_dir)
    multi_gpu = False
    full_len = 0
    overall_step = 0
    running_loss = 0
    return n_ctx, tb_writer, multi_gpu, full_len, \
        overall_step, running_loss
```

（4）计算总步数

根据 full_len（所有 tokenized 文件的 token id 个数）、stride（训练时取训练数据的窗口步长）、epochs（训练轮次）、batch_size（每次训练载入样本数）和 gradient_accumulation（梯度积累）计算训练所需的总步数。

```
def calc_total_steps(args, full_len):
    for i in tqdm(range(args.num_pieces)):
        with open(args.tokenized_data_path +
                  'tokenized_train_{}.txt'.format(i), 'r') as f:
            full_len += len([int(item) for
                            item in f.read().strip().split()])
    total_steps = int(full_len / args.stride * args.epochs /
                      args.batch_size / args.gradient_accumulation)
    print('总步数 = {}'.format(total_steps))
    return total_steps
```

（5）FP16 支持

这一操作用于在训练过程中使用半精度浮点数 (FP16) 参数。如果支持 FP16，则要用到 NVIDIA 的 apex 库[⊖]。

```
def fp16_support(args, model, total_steps):
    optimizer = transformers.AdamW(
        model.parameters(), lr=args.lr, correct_bias=True)
    scheduler = transformers.WarmupLinearSchedule(
        optimizer,
        warmup_steps=args.warmup_steps,
        t_total=total_steps)
    if args.fp16:
        try:
            from apex import amp
        except ImportError:
            raise ImportError(
                "Install apex from https://github.com/nvidia/apex")
        model, optimizer = amp.initialize(
            model, optimizer, opt_level=args.fp16_opt_level)
    return optimizer, scheduler, model
```

（6）训练计算

按轮次、tokenized 文件分片来循环执行准备数据、前向推理、计算损失函数、反向传播、计算当前梯度、根据梯度更新网络参数的操作，每轮训练结束存储一个检查点模型。

```
def train(args):
    # 初始化模型参数
    model, model_config = init_model(args)
    # 初始化变量
    n_ctx, tb_writer, multi_gpu, full_len, overall_step, running_loss = \
```

⊖ https://github.com/nvidia/apex，一个 PyTorch 扩展，用于在 Pytorch 中使用混合精度和分布式训练。

```
    init_variable(args, model_config)
assert args.log_step % args.gradient_accumulation == 0
# 计算总步数
total_steps = calc_total_steps(args, full_len)
# FP16 支持
optimizer, scheduler, model = fp16_support(args, model, total_steps)
# 多 GPU 支持
if torch.cuda.device_count() > 1:
    print("Let's use", torch.cuda.device_count(), "GPUs!")
    model = DataParallel(model, device_ids=[
                    int(i) for i in device.split(',')])
    multi_gpu = True
print('开始训练')
if not os.path.exists(args.output_dir):
    os.mkdir(args.output_dir)
for epoch in range(args.epochs):
    print('轮次 {}'.format(epoch + 1))
    now = datetime.now()
    print('时间：{}'.format(now))
    x = np.linspace(0, args.num_pieces - 1,
                args.num_pieces, dtype=np.int32)
    random.shuffle(x)
    piece_num = 0
    for i in x:
        with open(args.tokenized_data_path +
                'tokenized_train_{}.txt'.format(i), 'r') as f:
            line = f.read().strip()
        tokens = line.split()
        tokens = [int(token) for token in tokens]
        start_point = 0
        samples = []
        while start_point < len(tokens) - n_ctx:
            samples.append(tokens[start_point: start_point + n_ctx])
            start_point += args.stride
        if start_point < len(tokens):
            samples.append(tokens[len(tokens)-n_ctx:])
        random.shuffle(samples)
        for step in range(len(samples) // args.batch_size):
            # 准备数据
            batch = samples[step *
                        args.batch_size: (step + 1)
                        * args.batch_size]
            batch_inputs = []
            for ids in batch:
                int_ids = [int(x) for x in ids]
                batch_inputs.append(int_ids)
            batch_inputs = torch.tensor(
                batch_inputs).long().to(device)
            # 前向推理，计算损失函数
            outputs = model.forward(
                input_ids=batch_inputs, labels=batch_inputs)
```

```
            loss, logits = outputs[:2]
            # 获取损失函数
            if multi_gpu:
                loss = loss.mean()
            if args.gradient_accumulation > 1:
                loss = loss / args.gradient_accumulation
            # 反向传播，计算当前梯度
            if args.fp16:
                with amp.scale_loss(loss, optimizer) as scaled_loss:
                    scaled_loss.backward()
                    torch.nn.utils.clip_grad_norm_(
                        amp.master_params(optimizer),
                        max_grad_norm)
            else:
                loss.backward()
                torch.nn.utils.clip_grad_norm_(
                    model.parameters(), args.max_grad_norm)
            # 根据梯度更新网络参数
            if (overall_step + 1) % args.gradient_accumulation == 0:
                running_loss += loss.item()
                optimizer.step()
                optimizer.zero_grad()
                scheduler.step()
            if (overall_step + 1) % args.log_step == 0:
                tb_writer.add_scalar(
                    'loss', loss.item() *
                    args.gradient_accumulation, overall_step)
                print('时间：{}:{}. 步数 {} of \
                    分片 {} of 轮次 {}, 损失 {}'.format(
                    datetime.now().hour,
                    datetime.now().minute,
                    step + 1,
                    piece_num,
                    epoch + 1,
                    running_loss * args.gradient_accumulation /
                    (args.log_step / args.gradient_accumulation)))
                running_loss = 0
            overall_step += 1
        piece_num += 1
    # 保存检查点
    print('保存模型，轮次 {}'.format(epoch + 1))
    if not os.path.exists(args.output_dir +
                          'model_epoch{}'.format(epoch + 1)):
        os.mkdir(args.output_dir + 'model_epoch{}'.format(epoch + 1))
    model_to_save = model.module \
        if hasattr(model, 'module') else model
    model_to_save.save_pretrained(
        args.output_dir + 'model_epoch{}'.format(epoch + 1))
    print('轮次 {} 完成'.format(epoch + 1))
    then = datetime.now()
    print('时间：{}'.format(then))
```

```
        print('本轮用时：{}'.format(then - now))
    # 保存最终模型
    if not os.path.exists(args.output_dir + 'final_model'):
        os.mkdir(args.output_dir + 'final_model')
    model_to_save = model.module if hasattr(model, 'module') else model
    model_to_save.save_pretrained(args.output_dir + 'final_model')
    print('训练完成')
```

（7）程序入口及训练参数

解析模型训练过程中用到的参数。在本例中，所有参数均有默认值。

```
if __name__ == '__main__':
    parser = argparse.ArgumentParser()
    parser.add_argument('--device', default='0',
                        type=str, required=False, help='推理卡列表')
    parser.add_argument('--model_config',
                        default='config/model_config_small.json',
                        type=str, required=False,
                        help='模型参数配置文件')
    parser.add_argument('--tokenized_data_path', default='tokenized/',
                        type=str, required=False,
                        help='tokenized语料存放位置')
    parser.add_argument('--epochs', default=5, type=int,
                        required=False, help='训练轮次')
    parser.add_argument('--batch_size', default=8, type=int,
                        required=False, help='训练batch size')
    parser.add_argument('--lr', default=1.5e-4, type=float,
                        required=False, help='学习率')
    parser.add_argument('--warmup_steps', default=2000,
                        type=int, required=False, help='warm up步数')
    parser.add_argument('--log_step', default=1, type=int,
                        required=False,
                        help='汇报loss步数gradientaccumulation整数倍')
    parser.add_argument('--stride', default=768, type=int,
                        required=False,
                        help='训练时取训练数据的窗口步长')
    parser.add_argument('--gradient_accumulation', default=1,
                        type=int, required=False, help='梯度积累')
    parser.add_argument('--fp16', action='store_true',
                        help='fp16混合精度')
    parser.add_argument('--fp16_opt_level', default='O1',
                        type=str, required=False)
    parser.add_argument('--max_grad_norm', default=1.0,
                        type=float, required=False)
    parser.add_argument('--num_pieces', default=100,
                        type=int, required=False,
                        help='tokenized分片数')
    parser.add_argument('--output_dir', default='model/',
                        type=str, required=False, help='模型输出路径')
    parser.add_argument('--pretrained_model', default='',
                        type=str, required=False,
```

```
                        help='训练模型检查点路径')
    parser.add_argument('--writer_dir', default='tensorboard_summary/',
                        type=str, required=False,
                        help='Tensorboard路径')

    args = parser.parse_args()
    train(args)
```

（8）模型训练

执行以下命令开始训练。

```
conda activate prompt-train
python train.py
```

如果发生内存溢出，则可适当降低模型配置文件中的 n_ctx、n_head、n_layer 等参数值。训练过程见图 17-2。

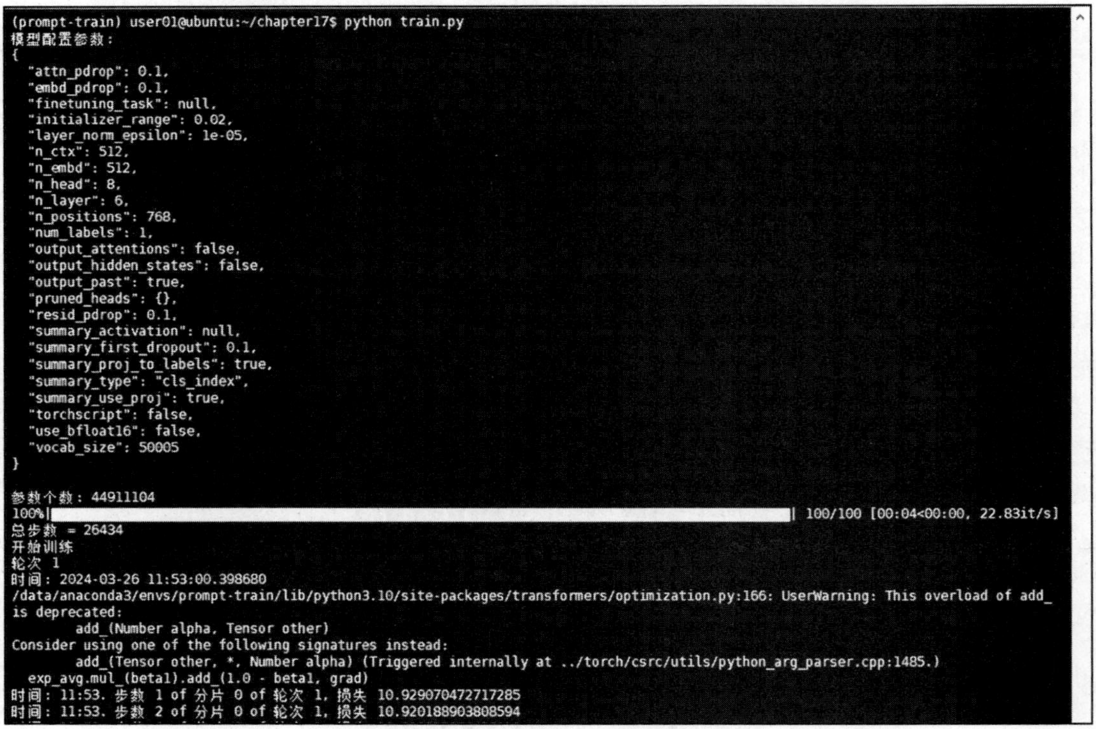

```
(prompt-train) user01@ubuntu:~/chapter17$ python train.py
模型配置参数：
{
  "attn_pdrop": 0.1,
  "embd_pdrop": 0.1,
  "finetuning_task": null,
  "initializer_range": 0.02,
  "layer_norm_epsilon": 1e-05,
  "n_ctx": 512,
  "n_embd": 512,
  "n_head": 8,
  "n_layer": 6,
  "n_positions": 768,
  "num_labels": 1,
  "output_attentions": false,
  "output_hidden_states": false,
  "output_past": true,
  "pruned_heads": {},
  "resid_pdrop": 0.1,
  "summary_activation": null,
  "summary_first_dropout": 0.1,
  "summary_proj_to_labels": true,
  "summary_type": "cls_index",
  "summary_use_proj": true,
  "torchscript": false,
  "use_bfloat16": false,
  "vocab_size": 50005
}

参数个数：44911104
100%|████████████████████████████████████████| 100/100 [00:04<00:00, 22.83it/s]
总步数 = 26434
开始训练
轮次 1
时间：2024-03-26 11:53:00.398680
/data/anaconda3/envs/prompt-train/lib/python3.10/site-packages/transformers/optimization.py:166: UserWarning: This overload of add_
is deprecated:
        add_(Number alpha, Tensor other)
Consider using one of the following signatures instead:
        add_(Tensor other, *, Number alpha) (Triggered internally at ../torch/csrc/utils/python_arg_parser.cpp:1485.)
  exp_avg.mul_(beta1).add_(1.0 - beta1, grad)
时间：11:53. 步数 1 of 分片 0 of 轮次 1, 损失 10.929070472717285
时间：11:53. 步数 2 of 分片 0 of 轮次 1, 损失 10.920188903808594
```

图 17-2　GPT-2 模型训练过程

17.3.3　推理与服务

每轮训练完成后保存一个模型检查点。如果还有空闲算力资源，就可装载这个模型进行测试评估，或等全部轮次完成、算力资源释放后再进行验证。GPT-2 的技术出现相对较早，本例中，为了兼容 BERT 相关库，Transformers 库使用较早的 2.1.1 版本。在对 GPT-2 模型进行推理时，代码比较烦琐，但是读者可以更好地理解大语言模型推理的工作原理。

1. 推理过程

对推理过程的代码文件 generate.py 进行适当拆解，分成依赖库导入、模型装载、token 预测、token 过滤、token 解析、程序入口及推理测试几个环节，依次进行源码介绍。

（1）依赖库导入

导入依赖的 Transformers 库里的 GPT-2 模型和 Tokenizer、PyTorch 和 BERT 等相关库。

```
from transformers import GPT2LMHeadModel, GPT2Tokenizer
import torch
from tqdm import trange
from tokenizations import tokenization_bert_word_level\
    as tokenization_bert
```

（2）模型装载

从训练输入的位置装载预训练模型，而 tokenizer 则由 BertTokenizer 根据词汇表文件反向生成。

```
device = 'cuda' if torch.cuda.is_available() else 'cpu'
model = None
tokenizer = None

def load_model():
    global model
    global tokenizer
    model = GPT2LMHeadModel.from_pretrained(
        "./model/final_model", torchscript=True).eval().to(device)
    tokenizer = tokenization_bert.BertTokenizer(
        vocab_file="./vocab/vocab_user.txt")
```

（3）token 预测

给定初始文本，调用模型，生成一段指定长度的文本序列。

```
def fast_sample_sequence(model, raw_text, length,
                        temperature=1.0, top_k=30, top_p=0.0):
    # 将输入的原始文本转换为 token id 列表
    context = tokenizer.convert_tokens_to_ids(
        tokenizer.tokenize(raw_text))
    # 将 token id 列表转换为 LongTensor，并调整形状为 [1, seq_length]
    inputs = torch.LongTensor(context).view(1, -1).to(device)
    if len(context) > 1:
        # 如果 context 的长度大于 1，则使用 model
        # 对前面个数为 seq_length-1 的 token 进行预测，得到过去信息 past
        _, past = model(inputs[:, :-1], None)[:2]
        prev = inputs[:, -1].view(1, -1)
    else:
        # 否则，将 past 设为 None，并将 prev 设为整个输入序列
```

```
        past = None
        prev = inputs
    # 初始化 generate 列表为输入文本的 token id 列表
    generate = [] + context
    # 使用 torch.no_grad() 上下文管理器，关闭梯度计算
    # 避免在推理阶段浪费计算资源
    with torch.no_grad():
        for i in trange(length):
            # 使用 model 预测下一个 token，并更新过去信息 past
            output = model(prev, past=past)
            output, past = output[:2]
            output = output[-1].squeeze(0) / temperature
            # 将输出进行温度缩放
            # 然后通过 top_k_top_p_filtering 函数过滤 logits
            filtered_logits = top_k_top_p_filtering(
                output, top_k=top_k, top_p=top_p)
            # 根据过滤后的 logits，从 softmax 分布中采样一个 token
            next_token = torch.multinomial(torch.softmax(
                filtered_logits, dim=-1), num_samples=1)
            # 将采样得到的 token 添加到 generate 列表中，
            # 继续下一个 token 的生成
            generate.append(next_token.item())
            prev = next_token.view(1, 1)
    # 返回生成的文本序列 generate
    # 其中包含了原始文本的内容和模型生成的文本内容
    return generate
```

（4）token 过滤

按照 top_k 和 top_p 参数，从生成的 token 序列中过滤掉概率较低的 token。

```
def top_k_top_p_filtering(logits, top_k=0, top_p=0.0,
                          filter_value=-float('Inf')):
    # 确保对数概率 logits 的维度为 1，即一维张量
    assert logits.dim() == 1
    # 将 top_k 限制在 logits 最后一个维度的大小以内
    top_k = min(top_k, logits.size(-1))
    if top_k > 0:
        # 对于概率小于前 top_k 个最大概率的 token，找到其对应的索引
        indices_to_remove = logits < torch.topk(logits, top_k)[
            0][..., -1, None]
        # 将这些 token 对应的 logits 值设为一个非常小的负无穷值 filter_value
        logits[indices_to_remove] = filter_value

    if top_p > 0.0:
        # 对 logits 进行降序排序，得到排序后的概率值和对应的索引
        sorted_logits, sorted_indices = torch.sort(logits,
                                                   descending=True)
        # 计算排序后的累积概率分布
        cumulative_probs = torch.cumsum(
            F.softmax(sorted_logits, dim=-1), dim=-1)
```

```
        # 找到累积概率超过阈值 top_p 的 token 所对应的索引
        sorted_indices_to_remove = cumulative_probs > top_p
        # 对 sorted_indices_to_remove 进行处理
        # 保留第一个超过阈值的 token
        sorted_indices_to_remove[...,
                                1:] = \
            sorted_indices_to_remove[..., :-1].clone()
        sorted_indices_to_remove[..., 0] = 0
        # 根据索引找到需要移除的 token
        indices_to_remove = sorted_indices[sorted_indices_to_remove]
        # 将这些 token 对应的 logits 值设为 filter_value
        logits[indices_to_remove] = filter_value
    return logits
```

（5）token 解析

模型推理生成的是 token 序列，也就是由 token id 组成的数组。该序列要经过词汇表的对应值翻译后，才可以还原成明文。

```
def is_word(word):
    '''
    判断生成的 token 是否为英文
    '''
    for item in list(word):
        if item not in 'qwertyuiopasdfghjklzxcvbnm':
            return False
    return True

def join_text(texts):
    '''
    把生成的 token 数组连接起来形成句子
    '''
    for i, item in enumerate(texts[:-1]):  # 确保英文前后有空格
        if is_word(item) and is_word(texts[i + 1]):
            texts[i] = item + ' '
        for i, item in enumerate(texts):
            if item == '[MASK]':
                texts[i] = ''
            elif item == '[CLS]':
                texts[i] = '\n\n'
            elif item == '[SEP]':
                texts[i] = '\n'
            elif item == '[UNK]':
                texts[i] = ''
    return ''.join(texts).replace('##', '').strip()

def generate_text(prompt, max_len, batch_size):
    '''
    以 prompt 为开头，推理生成后续提示词文本
    '''
    if model is None:
```

```
        load_model()
    generates = []
    for i in range(batch_size):
        generate = fast_sample_sequence(model, prompt, max_len)
        texts = tokenizer.convert_ids_to_tokens(generate)
        generates.append(join_text(texts))
    return generates
```

（6）程序入口

下面代码展示了主函数，用于在命令行环境下进行测试，可实现用户输入上文、模型预测下文的功能，并且可以一次批量生成若干个候选项。

```
if __name__ == "__main__":
    while True:
        prompt = input("请输入文本，回车退出：")
        if prompt == "":
            break
        print(generate_text(prompt, 50, 5))
```

（7）推理测试

执行以下命令开始测试推理。代码运行结果见图 17-3。

```
conda activate prompt-train
python generate.py
```

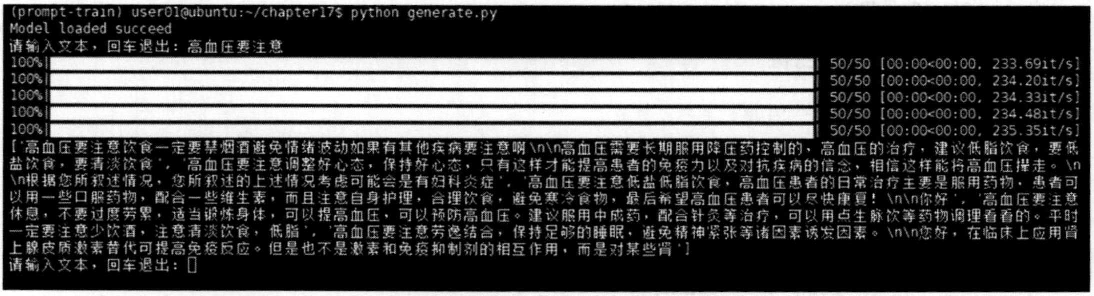

图 17-3　prompt-gen 推理过程测试

2. 接口服务

本例实践的是提示词生成器，在命令行下只适合测试模型的生成效果，而在生产场景中需要公布对外接口供客户端调用。源程序 web.py 实现了此功能。它引入 aiohttp 库实现了一个 HTTP 服务器，监听客户端发送的 POST 请求，调用大模型推理生成候选项组成的数组返回给客户端。以下是其完整源代码。

```
import asyncio
import json
import time
```

```
import os
import aiohttp_cors
import requests
import argparse
from aiohttp import web
from generate import generate_text

async def generate(request):
    params = await request.json()
    context = params["context"]
    if len(context.strip()) == 0:
        return web.Response(
            content_type="application/json",
            text=json.dumps(
                {"result": "[]", "time": 0}
            ),
        )
    maxlength = params["maxlength"]
    samples = params["samples"]
    if samples == 0:
        samples = 1
    start = time.perf_counter()
    result = generate_text(context, maxlength, samples)
    end = time.perf_counter()
    return web.Response(
        content_type="application/json",
        text=json.dumps(
            {"result": result, "time": end-start}
        ),
    )

app = web.Application()
cors = aiohttp_cors.setup(app)
app.router.add_post("/generate", generate)

for route in list(app.router.routes()):
    cors.add(route, {
        "*": aiohttp_cors.ResourceOptions(
            allow_credentials=True,
            expose_headers="*",
            allow_headers="*",
            allow_methods="*"
        )
    })

if __name__ == "__main__":
    parser = argparse.ArgumentParser()
    parser.add_argument('--port', default=5005,
                        type=int, required=False)
    args = parser.parse_args()
```

```
    print("Start web server")
    web.run_app(
        app, access_log=None, host="0.0.0.0",
        port=args.port,
        ssl_context=None
    )
```

执行以下命令开启 Web 服务接口，运行结果见图 17-4。

```
conda activate prompt-train
python web.py
```

图 17-4　prompt-gen 应用的 Web 服务运行情况

17.3.4　测试

对于 HTTP 的 POST 请求，可以用 curl 命令测试。Linux 自带 curl 工具，Windows 要从 https://curl.se/windows/ 下载。

对于 curl 命令测试，在 Linux 与 Windows 上，其参数中的引号格式有一定区别，如下所示。

```
# Windows
curl -X POST http://127.0.0.1:5005/generate -H "Content-Type: application/json"
    -d "{\"context\":\"高血压要注意\",\"maxlength\":50,\"samples\":5}"

# Linux
curl -X POST http://127.0.0.1:5005/generate -H "Content-Type: application/json"
    -d '{"context":"高血压要注意","maxlength":50,"samples":5}'
```

测试结果见图 17-5。因为 curl 默认无法处理 unicode 显示，所以汉字都显示为“\uXXX”格式。

要将这些 unicode 还原成汉字，可将结果粘贴到 unicode 与中文互转在线工具中（如 https://www.bejson.com/convert/unicode_chinese/）。如图 17-6 所示，测试结果正常显示为汉字。

在生产环境中，由于客户端通常使用 JavaScript、Python 等编程语言，而非 curl 命令行环境，所以结果中的汉字不用进行二次转码处理。

```
C:\Users\gqw>curl -X POST http://172.16.62.163:5005/generate -H "Content-Type: application/json" -d "{\"context\":\"高血
压要注意\",\"maxlength\":50,\"samples\":5}"
{"result": ["\u9ad8\u8840\u538b\u8981\u6ce8\u610f\u4e0d\u8981\u5403\u8f9b\u8fa3\u523a\u6fc0\u7684\u98df\u7269\uff0c\u53e
f\u4ee5\u53e3\u670d\u836f\u7269\u6cbb\u7597\u7684\uff0c\u6ce8\u610f\u4f11\u606f\u548c\u9002\u5f53\u953b\u70bc\u3002\uff0
c\u9ad8\u8840\u538b\u5bf9\u60a3\u8005\u4eec\u5e26\u6765\u7684\u5f71\u54cd\u662f\u975e\u5e38\u5927\u7684\uff0c\u4e00\u65e
6\u53d1\u73b0\u81ea\u8eab\u7684\u75c7\u72b6\uff0c\u5c31\u8981\u53ca\u65f6\u5c31\u533b\u8bca\u6cbb\uff0c\u540c\u65f6\u591
a\u91cd\u89c6\u996e\u98df\u95ee\u9898", "\u9ad8\u8840\u538b\u8981\u6ce8\u610f\u4f4e\u76d0\u996e\u98df\uff0c\u591a\u996e\
u70ed\u6c34\uff0c\u591a\u5403\u65b0\u9c9c\u852c\u83dc\u6c34\u679c\uff0c\u5982\u82b9\u83dc\uff0c\u97ed\u83dc\u7b49\uff0c\
u5fc5\u8981\u65f6\u5230\u533b\u9662\u68c0\u67e5\u786e\u8bca\u540e\u5bf9\u75c7\u6cbb\u7597\u3002\n\n\u7cd6\u5c3f\u75c5\u7
73c\u75c5\u662f\u7cd6\u5c3f\u75c5\u7684\u4e00\u79cd\u4e3b\u8981\u662f\u5168\u8eab\u795e\u7ecf\u8840\u7ba1\u7d27\u5f20",
"\u9ad8\u8840\u538b\u8981\u6ce8\u610f\uff0c\u996e\u98df\u8981\u5065\u5eb7\u662f\u8981\u6ce8\u610f\uff0c\u53ef\u4ee5\u900
2\u5f53\u7684\u591a\u5403\u4e00\u4e9b\u852c\u83dc\u4e0e\u6c34\u679c\uff0c\u56e0\u4e3a\u8fd9\u4e09\u7c7b\u98df\u7269\u662
f\u5bcc\u542b\u7ef4\u751f\u7d20\u53ca\u5fae\u91cf\u5143\u7d20\u7684\u98df\u7269\uff0c\u5982\u82f9\u679c\u3001\u7315\u733
4\u6843\u7b49\u90fd\u662f\u6709\u8865\u80be\u4f5c\u7528\u7684\uff0c\u996e\u98df\u65b9\u9762\u5efa\u8bae\u9009\u62e9\u4e0
0\u4e9b", "\u9ad8\u8840\u538b\u8981\u6ce8\u610f\u5408\u7406\u81b3\u98df\uff0c\u4f4e\u8102\u3001\u4f4e\u8102\u3001\u591a\
u5403\u852c\u83dc\u548c\u6c34\u679c\uff0c\u9002\u5f53\u953b\u70bc\uff0c\u4fdd\u6301\u826f\u597d\u7684\u60c5\u7eea\u72b6\
u6001\u548c\u5b9a\u671f\u68c0\u67e5\u3002\uff0c\u9ad8\u8840\u538b\u5bf9\u60a3\u8005\u4eec\u5e26\u6765\u7684\u4f24\u5bb3\
u662f\u975e\u5e38\u5927\u7684\uff0c\u4e00\u65e6\u53d1\u73b0\u81ea\u8eab\u7684\u75c7\u72b6\uff0c\u5c31\u8981\u53ca\u65f6\
u5c31\u533b\u8bca\u6cbb\uff0c", "\u9ad8\u8840\u538b\u8981\u6ce8\u610f\u996e\u98df\uff0c\u4f4e\u8102\u80aa\u996e\u98df\uf
f0c\u4e00\u5b9a\u8981\u7981\u70df\uff0c\u9152\uff0c\u907f\u514d\u60c5\u7eea\u6fc0\u52a8\u3002\u5728\u5f53\u5730\u533b\u7
51f\u6307\u5bfc\u4e0b\u9009\u62e9\u964d\u538b\u836f\u63a7\u5236\u8840\u538b\uff0c\u6700\u597d\u9009\u62e9\u7f13\u91ca\u7
247\u5982\u6ce2\u4f9d\u5b9a\u6216\u785d\u82ef\u5730\u5e73\u7f13\u91ca\u7247\u8fdb\u884c\u6cbb\u7597\uff0c\u8840\u538b\u6
6f4\u5e73\u7a33\u3002\u540c\u65f6\u4e5f\u53ef\u4ee5\u53e3\u670d"], "time": 3.3803034028969705}
C:\Users\gqw>
```

图 17-5　curl 测试 Web 服务

{"result": ["高血压要注意不要吃辛辣刺激的食物，可以口服药物治疗的，注意休息和适当锻炼。，高血压对患者们带来的影响是非常大的，一旦发现自身的症状，就要及时就医诊治，同时多重视饮食问题", "高血压要注意低盐饮食，多饮热水，多吃新鲜蔬菜水果，如芹菜，韭菜等，必要时到医院检查确诊后对症治疗。%n%n糖尿病眼病是糖尿病的一种主要是全身神经血管紧张", "高血压要注意，饮食要健康是要注意，可以适当的多吃一些蔬菜与水果，因为这三类食物是富含维生素及微量元素的食物，如苹果、猕猴桃等都是有补肾作用的，饮食方面建议选择一些", "高血压要注意合理膳食，低脂、低脂、多吃蔬菜和水果，适当锻炼，保持良好的情绪状态和定期检查。，高血压对患者们带来的伤害是非常大的，一旦发现自身的症状，就要及时就医诊治，", "高血压要注意饮食，低脂肪饮食，一定要禁烟，酒，避免情绪激动。在当地医生指导下选择降压药控制血压，最好选择缓释片如波依定或硝苯地平缓释片进行治疗，血压更平稳。同时也可以口服"], "time": 3.3803034028969705}

图 17-6　curl 返回 unicode 转汉字

Chapter 18 第 18 章

AI 小镇应用

“AI 小镇”是一类以小镇为生活背景、由 AI 参与管理的虚拟社区应用。该应用的功能可拓展到城市管理、社区服务、智能医疗等交互场景中。大语言模型的加入，促使这类应用发生了新的变化。生成式多轮对话、AI Agent、数字人等技术的应用，更加丰富了 AI 小镇的功能。

2023 年，出现了一些现象级的 AI 小镇应用，最有名的当数 Smallville——来自斯坦福大学和 Google 的人工智能研究团队共同研发的一个完全由 AI 主导的虚拟世界。在这个虚拟场景中生活的 25 位居民均由 AI 控制，设定基础建筑设施及定义人物性格后，研究人员便不再干预，由程序自主运行和进化。观察发现，每一位小镇居民都会按照计划进行自己的生活，如做饭、写作、玩游戏或与朋友聊互相感兴趣的话题，其“生活”状态看起来很接近人类。

本章会开发一个简化版的 AI 小镇程序，从而探索 Generative Agent（生成式智能体）的实现方法。

18.1 目标

本章使用 React.js、2D 游戏引擎 Phaser3[⊖]和大语言模型，开发一款 RPG（角色扮演游戏）风格的 AI 小镇，多个角色在小镇地图限定范围内随机移动，若两两相遇则按设定的主题进行交谈，聊天的内容由大语言模型生成，有一定的随机性，可以进行多轮对话。一个功能完备、实用的 AI 小镇需要大量的设计和开发工作，本章的开发实例尽量对各个流程、场景

⊖ https://phaser.io/，一个开源框架，用于 Canvas 和 WebGL 驱动的浏览器游戏。

进行简化，而详细描述开发过程并提供样例代码，目的在于向读者介绍 AI 小镇的实现思路和常用组件的使用方法。

18.2 原理

目前已有的几个开源的 AI 小镇应用，如斯坦福 AI 小镇[1]、convex.dev/ai-town[2]等，架构都比较复杂，主要表现在组件众多、依赖 GPT-4 的生成能力、运行过程中会有费用支出等，实现真正意义上的本地化部署非常困难。

AI 小镇应用的主要实现方法是“游戏场景 + 大语言模型提示词定制”，其原理并不难理解，但是为了保证其合理性，要对其主要角色、NPC（非玩家角色）的人物特点进行定义，塑造不同的角色性格。另外，应用需要保存生活计划、聊天记录、进度等信息，这就造成了层级很多的应用架构，研究起来比较麻烦，也不利于本地化部署和开发。

本章实现的 AI 小镇应用则消除了这些依赖关系，采用了第 5 章介绍的国产大模型作为对话服务提供者，所有组件都在本地部署。该应用的实现功能简单、构建思路清晰，读者更容易理解其开发过程并体验 AI 小镇的魅力。

18.2.1 功能概要

将本章实现的 AI 小镇应用命名为 AI-town，它实现了一个主要角色 hero 和若干个 NPC 在同一个地图上随机或受控移动，相遇时聊预设场景话题（如天气）的类游戏应用，对话的内容来自大语言模型的生成，支持多轮对话。

1. 场景

为了简化开发，AI-town 只实现一个场景，这个场景的地图由 Tiled 绘制。Tiled 是一款 2D 关卡编辑器，主要功能是编辑各种形式的瓦片地图，也支持免费的图像放置和 NPC 数据设置等。所谓瓦片地图，就是将地图分隔成若干个正方形，每个正方形在坐标系中占一个单位，这样就简化了坐标计算方法，避免用像素之类精确的方法描述位置，在角色移动的指令中只需要指定 X 和 Y 方向的偏移量即可。此外，Tiled 可以设定碰撞检测和 NPC 的初始位置。

2. 碰撞检测

场景中的角色和 NPC 在一定范围内随机移动，碰到地图中的房屋、树木、河流等对象后，角色会重新调整方向继续移动。当角色与 NPC 的位置有交集时，两个发生碰撞的游戏人物就停止移动，开始多轮对话。对话完成后，双方继续随机移动。

---

[1] https://github.com/joonspk-research/generative_agents。

[2] https://www.convex.dev/ai-town。

3. 对话历史

为了减少依赖、便于本地化部署，除大语言模型外，应用开发的其他工作全部在客户端完成，即简化掉了中间层，所以数据不易持久保存，角色之间的对话记录会保存在客户端的全局变量中。这样做的优点是结构简单，缺点是刷新页面后，对话历史就会消失。不过作为一个入门级的例子，适当的流程简化有助于读者理解。

4. 角色活动控制

除了随机移动外，还可以通过鼠标或键盘控制角色移动。用户可以使用方向键控制角色在四个方向上的单步移动，也可以通过单击鼠标左键设定角色的移动目标位置。角色的移动路径由 Phaser3 的 GridEngine[㊀]插件计算和规划。

18.2.2 系统架构

AI-town 分为客户端和大语言模型服务两部分。关于大语言模型服务，前面已有介绍，所以 AI-town 的开发工作主要是在客户端进行的。

AI-town 客户端是由一个或数个 Scene（场景）页面组成。在一个 Scene 内，包含了地图、角色、NPC 的管理以及它们之间的交互。与一般的 RPG 相比，AI-town 增加了调用大语言模型进行对话的功能。客户端的开发运行环境是 React.js 与 Phaser3 开发框架。Phaser3 是一个流行的 2D 游戏框架，用于创建 Web 游戏和应用程序。它由 Richard Davey 创建，作为一个灵活且功能强大的工具，可以帮助开发人员快速轻松地构建游戏。Phaser3 的功能包括物理引擎、动画、粒子系统、输入管理、音频支持等。在本例中使用了 Phaser3 的地图、碰撞检测和移动控制等组件。AI-town 的架构见图 18-1。

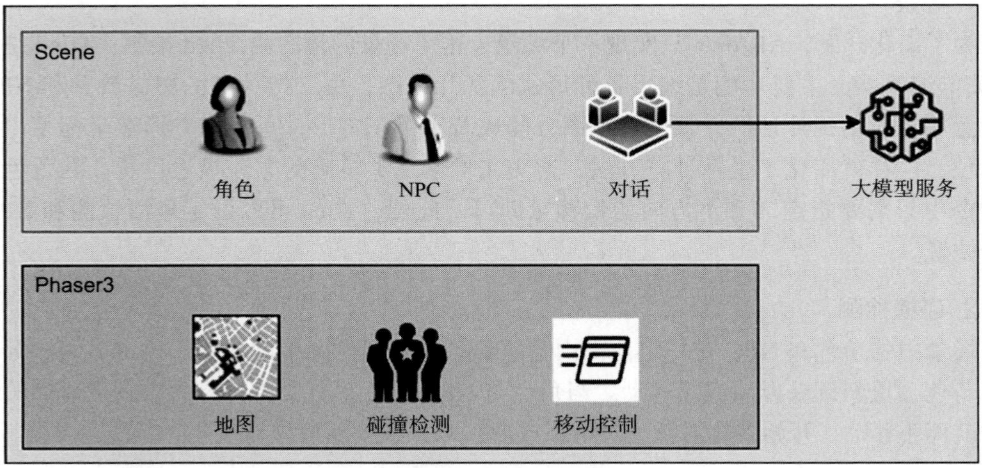

图 18-1　AI-town 架构

㊀ https://github.com/Annoraaq/grid-engine。

18.2.3 运行原理

Phaser3 对 RPG 的开发组件进行了大量封装，但即使开发最简单的 RPG，开发者也要考虑地图、场景、摄像机、碰撞检测、交互等元素，有一定的门槛。新建一个空白项目进行开发有一定的难度，而从一个具备基础功能的例程开始增减功能及进行个性化开发，则是一个相对容易的方案。

AI-town 以开源项目 top-down-react-phaser-game[⊖]作为原型，梳理程序流程，删除掉怪物、武器、健康值等 AI-town 用不到的功能，修改地图，以及做一些个性化的修改。

程序运行的原理如图 18-2 所示。

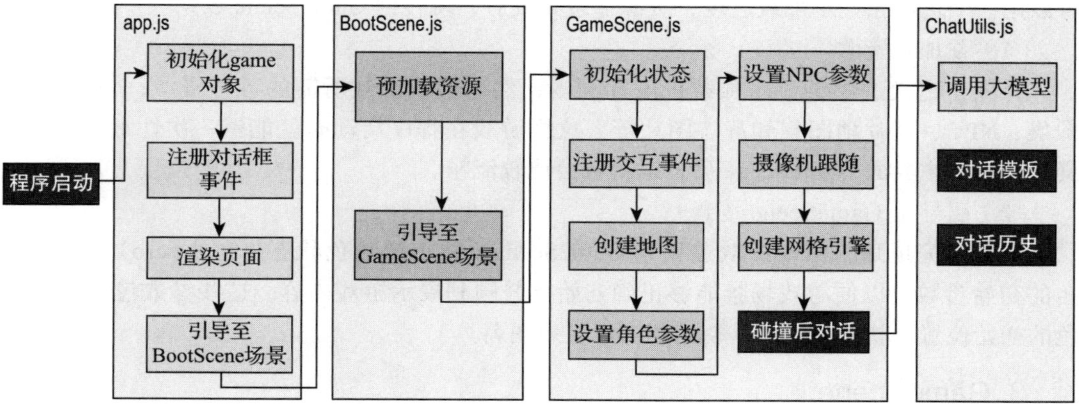

图 18-2 AI-town 运行原理

1. app.js

AI-town 使用 React.js 开发，其入口程序是 app.js。在 app.js 中实现一些必要的初始化操作和 HTML 页面的载入。

（1）初始化 game 对象

在 Phaser3 的程序中，要创建全局 game 对象，并设置各种配置选项，包括游戏类型、标题、游戏画布的父元素、方向、宽度、高度、缩放选项、包含的场景（BootScene 和 GameScene）、物理引擎、游戏插件（GridEngine 和 RexUIPlugin）、背景颜色等。

（2）注册对话框事件

AI-town 的程序主要分布在 app.js、BootScene.js、GameScene.js 和 ChatUtils.js 四个文件中。这些文件中，组件之间的交互消息是依靠事件传递的。比如，showdialogBoxEventListener 监听名为 show-dialog 的事件，当事件触发时，更新角色名称和消息，这样的动作会使 app.js 显示对话框；closedialogBoxEventListener 监听名为 close-dialog 的事件，当事件触发时，设置一个定时器，在 2s 后关闭对话框；gameHintEventListener 监听名为 game-hint 的事件，当事件触发时，更新游戏提示文本，如果提示文本为空，则默认显示 ai-town。

⊖ https://github.com/blopa/top-down-react-phaser-game。

（3）渲染页面

通过 React 组件的 return 方法渲染游戏界面、相关提示框和对话框组件，根据状态的变化来更新内容，提供交互性和视觉反馈给用户。其中包含一个 ID 为 game-content 的 div 模块，代表 game 对象的父容器，将 game 对象注入页面中。

（4）引导至 BootScene 场景

完成以上工作后，将程序流程交由 game 对象控制，转向第一个场景 BootScene。

2. BootScene.js

BootScene 对象在 BootScene.js 中定义，主要作用是预加载游戏用到的资源，该过程中可以用一个进度条显示加载进度，资源加载完成后，跳转到 GameScene 场景。

（1）预加载资源

首先，定义进度条显示加载进度和文本；然后加载游戏所需的各种资源，包括地图、图集、NPC、瓦片地图集和静态图片等。这样游戏在程序启动时就能够一次性加载所需的资源，进入主界面 GameScene 后，运行就会比较流畅。

（2）引导至 GameScene 场景

预加载完成后，启动游戏主场景 GameScene，并传递角色状态（包含 hero）和地图键名的初始参数，以便游戏场景能够正确初始化并顺利展示游戏内容。这些参数包括 hero 角色的初始位置、初始帧动画、初始朝向以及地图名。

3. GameScene.js

（1）初始化状态

创建一些必要的变量和常量，包括摄像机、游戏实例、调试模式标志、hero 角色状态、地图键名等。

（2）注册交互事件

设置了鼠标交互的监听事件，用于实现当用户鼠标左键弹起时，hero 角色能够移动到所指位置的坐标；设置 hero 角色的随机移动事件，被触发后，hero 角色开始随机移动位置；此外，还有显示修改话题的对话框事件和显示对话历史的事件。

（3）创建地图

首先创建一个地图实例，将瓦片集加载到地图中。为了便于调试，将游戏实例 game 赋值给全局变量 window.phaserGame。

（4）设置角色参数

设置 hero 角色的精灵参数（用于判断碰撞），加载地图的各个图层，在 hero 角色与这些图层之间添加碰撞检测，以实现游戏中的碰撞交互效果。处理 hero 角色的动作、存在与否和物体碰撞检测，具体位置和大小参数根据 hero 角色的需求进行设置。

（5）设置 NPC 参数

初始化 NPC，读取 Tiled 编辑器中制作的地图信息，枚举 actions 属性中保存的 NPC 数据，设置 NPC 的行为，包括出现在地图中的初始位置、随机移动等。

（6）摄像机跟随

设置摄像机跟随 hero 角色的行为，并根据地图大小调整摄像机的位置和边界。这一步骤实现了当 hero 角色移动时，像有摄像机一直跟踪它一样，能使角色始终显示在画面的中间位置。这种看似理所应当的效果，实际上是由摄像机组件完成的。

（7）创建网格引擎

GridEngine 是一个用 JavaScript 语言实现的在二维网格上定位和移动对象的游戏计算引擎。它作为一个插件与 Phaser3 集成，可以用来移动 hero 角色、NPC 的位置，并可检测到移动对象与地图或其他对象的碰撞。GridEngine 支持对角线移动，还支持四向和八向移动。如果移动对象有特定的移动终点，还可以进行路线规划，通过一些策略引导对象抵达目的地。

（8）碰撞后对话

当 hero 角色与 NPC 碰撞后，两者停止移动，开始对话，使用 GPT 模型生成对话内容，且上下文相关。

4. ChatUtils.js

使用 openai-node 组件调用大语言模型服务，调用的过程中将每轮对话存储到本地变量中，进行多轮会话。由于涉及多个 NPC，所以对话历史以字典项保存，字典的 key 是 NPC 名字，value 是此 NPC 与 hero 的对话过程。为了模拟出两两对话，中间还要有一个问题驱动层进行承上启下。这部分格式如下所示。

```
conversationHistory = {
    "npc_01": [
        { role: 'user', content: '当在小镇遇到熟人，聊天气，随机写一个开始话题' },
        { role: "assistant", content: '天气不错，准备去哪？' },
        { role: 'user', content: '当在小镇遇到熟人，聊天气，熟人说：" 天气不错，准备去哪？
            "，随机写一个回答' },
        { role: "assistant", content: '去健身啊！' },
        { role: 'user', content: '当在小镇遇到熟人，聊天气，熟人说："去健身啊！ "，随机写
            一个回答' },
        { role: "assistant", content: '好的，再见' }
    ]
}
```

18.3 开发过程

与以往从零搭建项目不同，AI-town 项目包含众多文件类型，如 JavaScript 脚本、CSS、地图文件、静态文件、配置文件、对话框和 HTML 文件等。因此，我们将逐步解析现有代码并详细介绍开发过程。通过结合源码和课程内容，读者能够更容易理解整个项目的构建。

本章的代码位于 https://github.com/little51/llm-dev/tree/main/chapter18/ai-town。

18.3.1 大语言模型安装

本章中对通用大语言模型的要求是提供一个标准的 OpenAI 接口，用于角色之间的对话服务。其安装和开启 API 服务的步骤参见 9.3.4 节。

18.3.2 开发环境搭建

AI-town 使用 React.js 开发，需要 Node.js 的支持。对于 Node.js 的安装方法，前面已经介绍过，在此不再赘述。安装好后，下载源码，使用“npm i”命令安装依赖包。

```
git clone https://github.com/little51/llm-dev
cd llm-dev\chapter18\ai-town
npm i
```

18.3.3 地图制作

地图文件在 src\game\assets\sprites\maps\tilesets\town.json 中，使用地图制作软件 Tiled 打开并编辑。

Tiled 是一款用于制作 2D 地图的开源软件。在 Tiled 软件中，地图是由图块（tile）组成的，也就是说我们看到的游戏画面不是一整幅图，而是由一些合理分割的小的零件图块拼接完成的。在制作地图时，既可以导入自己的图块集，也可以使用 Tiled 自带的图块集。先选择合适的图块，然后在地图编辑器中绘制地图，还可以使用不同的图层来组织地图中的元素，如地形、物体、背景等。另外，可以为地图、图块、图层等添加属性，以便配合后续的游戏开发。

完成地图制作后，单击菜单栏中的“File”，然后选择“Export As”来导出地图文件，以供游戏引擎调用。需要特别注意的是，NPC 的数据在 actions 属性中设置，如图 18-3 所示。

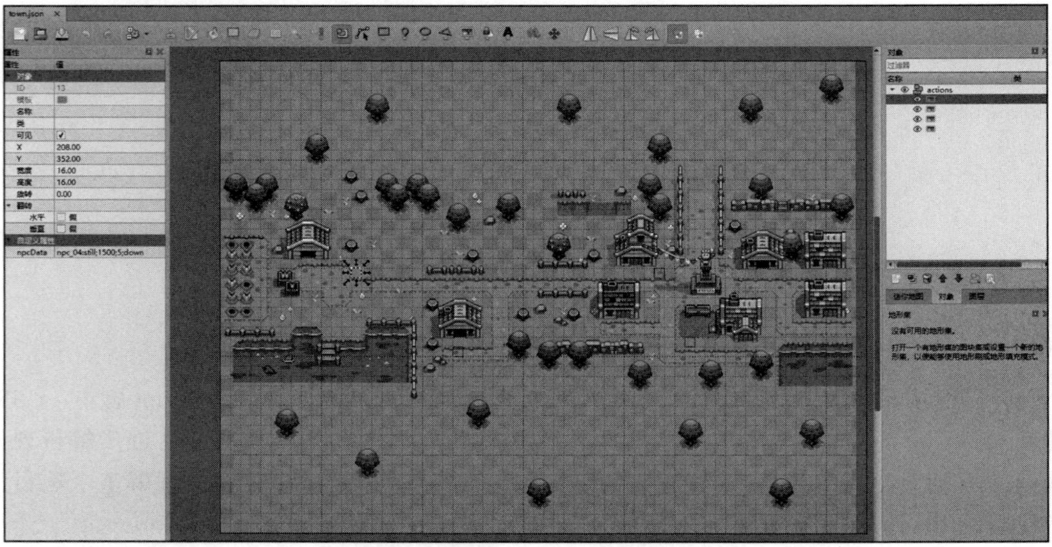

图 18-3 NPC 数据设置

18.3.4 app.js

下面拆解 app.js 部分的实现代码。

（1）初始化 game 对象

```
useEffect(() => {
    const game = new Phaser.Game({
        type: Phaser.AUTO,  // 指定游戏类型为 " 自动 "
        title: 'ai-town',  // 设置游戏标题为 "ai-town"
        parent: 'game-content',// 将游戏嵌入 id 为 "game-content" 的 DOM 中
        orientation: Phaser.Scale.LANDSCAPE,  // 设置游戏方向为横向
        localStorageName: 'ai-town',  // 设置在本地存储的名称
        width,  // 传入的宽度参数
        height,  // 传入的高度参数
        autoRound: true,  // 启用自动取整
        pixelArt: true,  // 启用像素风格绘制
        scale: {
            autoCenter: Phaser.Scale.CENTER_BOTH,  // 设置自动居中
            mode: Phaser.Scale.ENVELOP,  // 设置缩放模式为 " 包裹 "
        },
        scene: [
            BootScene,  // 加载 BootScene 场景
            GameScene,  // 加载 GameScene 场景
        ],
        physics: {
            default: 'arcade',  // 设置默认物理引擎为 arcade
        },
        dom: {
            createContainer: true  // 创建容器
        },
        plugins: {
            scene: [
                {
                    key: 'gridEngine',  // 设置插件的键名
                    plugin: GridEngine,  // 加载 GridEngine 插件
                    mapping: 'gridEngine',  // 设置映射名称
                },
                {
                    key: 'rexUI',  // 设置插件的键名
                    plugin: RexUIPlugin,  // 加载 RexUIPlugin 插件
                    mapping: 'rexUI'  // 设置映射名称
                }
            ],
        },
        backgroundColor: '#000000',  // 设置背景颜色为黑色
    });
    window.phaserGame = game;  // 将游戏实例存储在 window 对象中
}, []);
```

（2）注册对话框事件

```
// 注册 show-dialog、close-dialog 和 game-hint 事件
// 以 show-dialog 事件为例
// 程序退出时移除事件监听
const showdialogBoxEventListener = ({ detail }) => {
    setCharacterName(detail.characterName);
    setMessages([{
        "message": detail.message
    }]);
};
window.addEventListener('show-dialog',
        showdialogBoxEventListener);
// 移除事件监听
return () => {
    window.removeEventListener('show-dialog',showdialogBoxEventListener);
};
```

（3）渲染页面

渲染一个包含游戏内容和游戏提示的组件结构。其中有一个名为 game-content 的 div 和作为 game 对象的父容器，渲染的内容还包括游戏左上角的提示组件 GameHint。

```
return (
    <div>
        <div className={classes.gameWrapper}>
            <div
                id="game-content"
                className={classes.gameContentWrapper}
            >
            </div>
            <GameHint
                gameSize={{
                    width,
                    height,
                    multiplier,
                }}
                hintText={gameHintText}
            />
        </div>
    </div>
);
```

（4）引导至 BootScene 场景

页面初始化完成后，引导 game 对象到第一个场景 BootScene 中。所有场景设置都在 game 对象的 scene 属性下。

```
scene: [
    BootScene,   // BootScene 场景
    GameScene,   // GameScene 场景
],
```

18.3.5 BootScene.js

下面拆解 BootScene.js 部分的实现代码。

（1）预加载资源

预加载游戏里用到的资源，提高游戏运行效率。需要加载的资源类别很多，举例如下。

```
preload() {
    //字体
    const fontSize = 16;
    //进度条
    const progressBar = this.add.graphics();
    const progressBox = this.add.graphics();
    //摄像机参数
    const { width: gameWidth, height: gameHeight } = this.cameras.main;
    // 地图
    this.load.tilemapTiledJSON('town', townMap);
    // 地图集
    this.load.atlas('hero', heroImage, heroJson);
    // 图块
    this.load.image('town', townImage);
    // Images
    this.load.image('game_logo', gameLogoImage);
    }
```

（2）引导至 GameScene 场景

启动 GameScene 场景，并传递关于 hero 角色状态和地图键名的参数，以便使用这些信息来初始化游戏场景。

```
create() {
    this.scene.start('GameScene', {
        heroStatus: {
            position: { x: 29, y: 22 },
            previousPosition: { x: 29, y: 22 },
            frame: 'hero_idle_down_01',
            facingDirection: 'down'
        },
        mapKey: 'town',
    })
}
```

18.3.6 GameScene.js

下面拆解 GameScene.js 部分的实现代码。

（1）初始化状态

```
const camera = this.cameras.main;
const { game } = this.sys;
const isDebugMode = this.physics.config.debug;
const { heroStatus, mapKey } = this.initData;
```

```
const {
    position: initialPosition,
    frame: initialFrame
} = heroStatus;

camera.fadeIn(SCENE_FADE_TIME);
```

（2）注册交互事件

```
// 光标
this.cursors = this.input.keyboard.createCursorKeys();
// 游戏对象被单击
this.input.on('gameobjectdown', (pointer, gameObject) => {
    this.updateGameHint(gameObject.name);
});
// 鼠标弹起时，将 hero 移动到鼠标位置
this.input.on("pointerup", (pointer) => {
    var pt = this.gridEngine.gridTilemap
        .tilemap.worldToTileXY(pointer.worldX, pointer.worldY);
    var newMapX = pt.x;
    var newMapY = pt.y;
    this.gridEngine.moveTo("hero", { x: newMapX, y: newMapY });
    this.heroActionCollider.update();
});
// hero 角色随机移动事件
const heroRandomMoveEventListener = () => {
    this.isMoveRandomly = !this.isMoveRandomly;
    if (this.isMoveRandomly) {
        this.gridEngine.moveRandomly("hero", 1500, 3);
    } else {
        this.gridEngine.stopMovement("hero");
    }
};
window.addEventListener('heroRandomMove', heroRandomMoveEventListener);
// 显示话题事件
const heroTopicDialogEventListener = () => {
    this.showTopicDialog();
};
window.addEventListener('topicDialog', heroTopicDialogEventListener);
// 显示对话历史事件
const chatHistoryEventListener = () => {
    ModelDialog(this, getChatHistory())
        .layout()
        .setDepth(10)
        .modalPromise()
        .then(function () {

        });
};
window.addEventListener('chatHistory', chatHistoryEventListener);
```

（3）创建地图

```
// 加载地图
const map = this.make.tilemap({ key: mapKey });
const tileset = map.addTilesetImage('town', 'town');

if (isDebugMode) {
    window.phaserGame = game;
    this.map = map;
}

// 加载地图图层
const elementsLayers = this.add.group();
for (let i = 0; i < map.layers.length; i++) {
    const layer = map.createLayer(i, tileset, 0, 0);
    layer.layer.properties.forEach((property) => {
        const { value, name } = property;

        if (name === 'type' && value === 'elements') {
            elementsLayers.add(layer);
        }
    });

    this.physics.add.collider(this.heroSprite, layer);
}
```

（4）设置角色参数

创建 hero 角色的精灵（sprite）参数以及相关的碰撞器（collider）。精灵参数是指角色隐含的边框，用于碰撞检测判断。

```
// 创建 hero 角色的精灵参数
this.heroSprite = this.physics.add
    .sprite(0, 0, 'hero', initialFrame)
    .setDepth(1);
// 设置 hero 角色的名称和交互性
this.heroSprite.name = "hero";
this.heroSprite.setInteractive();

// 创建 hero 角色的动作碰撞器
this.heroActionCollider = createInteractiveGameObject(
    this,
    this.heroSprite.x + 9,
    this.heroSprite.y + 36,
    14,
    8,
    'hero',
    isDebugMode
);
```

(5)设置 NPC 参数

在地图的 actions 属性中枚举 NPC 的参数，初始化 NPC 在游戏中的数据和行为。

```
// 解析 NPC 的属性
const npcsKeys = [];
const dataLayer = map.getObjectLayer('actions');
dataLayer.objects.forEach((data) => {
    const { properties, x, y } = data;

    properties.forEach((property) => {
        const { name, value } = property;

        switch (name) {
            case 'npcData': {
                const {
                    facingDirection,
                    movementType,
                    npcKey,
                    delay,
                    area,
                } = this.extractNpcDataFromTiled(value);

                npcsKeys.push({
                    facingDirection,
                    movementType,
                    npcKey,
                    delay,
                    area,
                    x,
                    y,
                });
                break;
            }
            default: {
                break;
            }
        }
    });
});
```

(6)摄像机跟随

```
// 摄像机跟随
camera.startFollow(this.heroSprite, true);
camera.setFollowOffset(-this.heroSprite.width,-this.heroSprite.height);
camera.setBounds(
    0,
    0,
    Math.max(map.widthInPixels, game.scale.gameSize.width),
    Math.max(map.heightInPixels, game.scale.gameSize.height)
```

```
);

if (map.widthInPixels < game.scale.gameSize.width) {
    camera.setPosition(
        (game.scale.gameSize.width - map.widthInPixels) / 2
    );
}

if (map.heightInPixels < game.scale.gameSize.height) {
    camera.setPosition(
        camera.x,
        (game.scale.gameSize.height - map.heightInPixels) / 2
    );
}
```

（7）创建网格引擎

```
const gridEngineConfig = {
    characters: [
        {
            id: 'hero',
            sprite: this.heroSprite,
            startPosition: initialPosition,
            offsetY: 4
        },
    ],
};
this.gridEngine.create(map, gridEngineConfig);
```

（8）碰撞后对话

```
// hero 与 NPC 碰撞
this.physics.add.overlap(this.heroObjectCollider, npcSprites, (objA, objB) => {
    if (this.isConversationing > 0) {
        return;
    }
    this.isConversationing = 1;
    this.conversation(objB, npcsKeys);
});

sync conversation(npc, npcsKeys) {
    const characterName = npc.texture.key;
    this.gridEngine.stopMovement(characterName);
    this.gridEngine.stopMovement("hero");
    this.updateGameHint(" 与 " + characterName + " 聊天中 ...");
    await this.genConversationByGPT(characterName);
    this.isConversationing = 1;
    // 关闭对话窗口
}
async genConversationByGPT(characterName) {
    for (var i = 0; i < 4; i++) {
```

```
        await callGpt(characterName, topic, i);
    }
}
```

18.3.7 ChatUtils.js

下面展示并分析 ChatUtils.js 部分的实现代码。

```
var conversationHistory = {};
const startWords = "当在小镇遇到熟人，聊{topic}，随机写一个开始话题";
const chatTemplate = '当在小镇遇到熟人，聊{topic}，熟人说:" {prevanswer}"，随机写一个
    回答'
// 初始化对话记录
export const initConversation = (characterName, topic) => {
    if (!conversationHistory[characterName]) {
        conversationHistory[characterName] = [];
        const prompt = startWords.replace('{topic}', topic);
        conversationHistory[characterName].push(
            { role: 'user', content: prompt });
    }
}
// 增加对话记录
export const addConversation = (characterName, prompts) => {
    if (!conversationHistory[characterName]) {
        conversationHistory[characterName] = [];
    }
    conversationHistory[characterName].push(prompts);
}
// 调用 OpenAI 兼容接口进行对话生成
export const callGpt = async (characterName, topic, i) => {
    initConversation(characterName, topic);
    const stream = openai.beta.chat.completions.stream({
        model: 'ChatGLM3-6B',
        messages: conversationHistory[characterName],
        stream: true,
    });
    var snapshot = "";
    var text = "";
    for await (const chunk of stream) {
        snapshot = snapshot + chunk.choices[0]?.delta?.content || '';
        if (i % 2 === 0) {
            text = `<span style='color:yellow'>you:${snapshot}</span>`;
        } else {
            text = `<span style='color:red'>
            ${characterName}:${snapshot}</span>`;
        }
        window.dispatchEvent(new CustomEvent('show-dialog', {
            detail: {
                "characterName": characterName,
                "message": text
```

```
            },
        }));
    }
    addConversation(characterName,
        { "role": "assistant", "content": snapshot });
    const prompt = chatTemplate.replace('{topic}', topic)
        .replace('{prevanswer}', snapshot);
    conversationHistory[characterName].push(
        { role: 'user', content: prompt });
}
```

18.3.8 测试

修改 ChatUtils.js 的 baseURL 变量为大语言模型的接口地址，运行“npm start”命令，访问 http://localhost:3000/ai-town，结果如图 18-4 所示。

图 18-4 AI-town 运行结果

用鼠标或键盘移动 hero 角色，当 hero 与 NPC 相遇时，双方停止移动，开始 4 轮对话（对话轮次由程序代码设定）。对话结束后，NPC 离开当前位置。可以查看对话历史、修改话题，或者让 hero 角色自行随机移动。

推荐阅读

O'REILLY
Transformer
自然语言处理实战
使用Hugging Face Transformers库构建NLP应用
Natural Language Processing with Transformers
Building Language Applications with Hugging Face
机械工业出版社

AIGC辅助软件开发
ChatGPT10倍效率
编程实战
AIGC ASSISTED
SOFTWARE
DEVELOPMENT

ChatGPT
原理与架构
大模型的预训练、迁移和中间件编程

PROMPT MAGIC
Prompt魔法
提示词工程
与ChatGPT行业应用

AI绘画
大师
Stable Diffusion
快速入门与实战技巧

多模态
大模型
MULTIMODAL
LARGE
LANGUAGE
MODELS
刘兆峰 著
算法、应用与微调